Freiheit der Wissenschaft

Freiheit der Wissenschaft

Beiträge zu ihrer Bedeutung, Normativität und Funktion

Herausgegeben von
Friedemann Voigt

De Gruyter

ISBN 978-3-11-026614-6
e-ISBN 978-3-11-026708-2

Library of Congress Cataloging-in-Publication Data

A CIP catalog record for this book has been applied for at the Library of Congress.

Bibliografische Information der Deutschen Nationalbibliothek

Die Deutsche Nationalbibliothek verzeichnet diese Publikation in der Deutschen Nationalbibliografie; detaillierte bibliografische Daten sind im Internet über http://dnb.dnb.de abrufbar.

Druck: Hubert & Co. GmbH & Co. KG, Göttingen
∞ Gedruckt auf säurefreiem Papier

Printed in Germany

www.degruyter.com

Inhaltsverzeichnis

Vorwort

Der vorliegende Band ist aus der Arbeit und einer Tagung des Schwerpunktes „Ethik im Spannungsfeld von Wissenschaft und Öffentlichkeit" am Center for Advanced Studies der Ludwig-Maximilians-Universität München sowie der von mir geleiteten Forschergruppe „Religion in bioethischen Diskursen" an der Evangelisch-Theologischen Fakultät der Ludwig-Maximilians-Universität München hervorgegangen.

Dem Center for Advanced Studies und seinem Direktor, Herrn Professor Dr. Christof Rapp, danke ich für die Förderung und den Druckkostenzuschuss zu diesem Band. Besonderen Dank habe ich Frau Dr. Sonja Asal zu sagen, die mit ihrer umsichtigen Begleitung des Schwerpunktes wesentlich zum Gelingen beigetragen hat.

Meinen Kolleginnen und Kollegen des Schwerpunktes sage ich vielen Dank für die stets gewinnbringenden Diskussionen. Besonders Frau PD Dr. Elif Özmen sowie Herrn Dr. Dr. Ino Augsberg danke ich für zahlreiche Gespräche und Unterstützung sehr herzlich. Herr Professor Dr. Wolfgang van den Daele und Herr Professor Dr. Dr. h. c. mult. Trutz Rendtorff haben der Arbeit des Schwerpunktes in Diskussionsrunden wichtige Impulse gegeben. Dafür bin ich ihnen sehr dankbar.

Herr Professor Dr. Dr. h. c. Friedrich Wilhelm Graf hat die Einrichtung des Schwerpunktes unterstützt und mir für die Arbeit der Forschergruppe an seinem Lehrstuhl stets Förderung und wissenschaftliche Freiheit gewährt. Dafür schulde ich ihm großen Dank.

Mein besonders herzlicher Dank gilt Frau Diana Feßl für das kompetente Engagement, die Zuverlässigkeit und die Freundlichkeit, mit der sie die Texte für die Drucklegung vorbereitet und die Druckvorlage erstellt hat. Dass der vorliegende Band trotz meines Wechsels von München nach Marburg abgeschlossen werden konnte, ist vor allem ihr Verdienst.

München und Marburg, im Januar 2012 Friedemann Voigt

Bedeutung, Normativität und Funktion der Wissenschaftsfreiheit. Zur Einleitung

FRIEDEMANN VOIGT

Die Freiheit der Wissenschaft ist heute hochaktueller Bezugspunkt in der Auseinandersetzung um den Sinn und Zweck wissenschaftlicher Entwicklung. Angesichts der immer weiter fortschreitenden Differenzierung und Spezialisierung der wissenschaftlichen Entwicklung, die zugleich immer schwieriger einer breiten Öffentlichkeit zu vermitteln ist, wird die Wissenschaftsfreiheit zum Referenzpunkt des gegenwärtigen Wissenschaftsverständnisses. Vorbehalten und Ängsten gegenüber einer vermeintlich grenzenlosen Wissenschaft stehen Ansprüche und Hoffnungen freier Forschung auf weitreichende Verbesserungen unserer Lebensverhältnisse gegenüber. Heute gilt dies in besonderem Maße für die wissenschaftlichen Prozesse in den Lebenswissenschaften. Dabei haben sich diese Unterschiede teils zu Frontstellungen verhärtet, die der Sachlichkeit und Komplexität ihres Gegenstandes nicht zuträglich sind.

Vor allem in der aufgeladenen deutschen Debatte um Stammzellforschung und -gesetz hat sich die Frage „Lebensschutz oder Wissenschaftsfreiheit" in einer problematischen Weise als Vermischung grundrechtsdogmatischer und ethischer Fragestellungen erwiesen, durch die es zu erheblichen Konfliktverschärfungen gekommen ist. In dieser Debatte haben sich bis heute nachwirkend fragwürdige Entgegensetzungen von Wissenschaft und Ethik, Wissenschaftsfreiheit und Moral teils restituiert, teils neu ergeben. In Reaktion darauf wurde besonders von großen deutschen Wissenschaftsorganisationen wie der DFG und der Leopoldina die Wissenschafts- und Forschungsfreiheit einer breiteren Öffentlichkeit als wertvolles Gut und Grundrecht einer demokratischen Gesellschaft zu vermitteln gesucht.[1]

---

[1] Vgl. die öffentliche Tagung „Wissenschaftsfreiheit – ein Grundrecht im Gespräch" der Deutschen Forschungsgemeinschaft am 10. September 2009 in Ber-

Am Thema „Freiheit der Wissenschaft" verdichten sich also Plausibilitäts-, Akzeptanz- und Vertrauensprobleme im Umgang mit den modernen Wissenschaften in exemplarischer Weise. Es verweist damit auf die enge Verflechtung, in der Wissenschaft und Gesellschaft stehen. Damit ist aber das Thema weder für die Wissenschaft marginal, ebenso wie die Wissenschaft keine Marginalie der Gesellschaft ist. Mit der in Deutschland grundrechtlich verbürgten Freiheit von Wissenschaft und Forschung ist dem Prozess wissenschaftlichen Denkens und Forschens in hohem Maße ein Ausdruck und gleichsam ein Vorschuss des Vertrauens gegeben, welcher der Bedeutung wissenschaftlicher Erkenntnisse für die Gesellschaft korrespondiert. Dies beinhaltet dann auch die umfassende Förderung sowie die gezielte Anwendung wissenschaftlicher Einsichten. Zugleich geht damit die Erwartung einher, dass die Inanspruchnahme dieser Freiheit und Förderung diesem Vertrauen korrespondiert und also vertrauenswürdig ist. Dazu haben sich innerhalb und außerhalb der Wissenschaft Kontrollinstanzen gebildet, wie sie in einer demokratischen Gesellschaft üblich und möglich sind. Ihnen obliegt nicht nur die Sicherung wissenschaftlicher Standards, sondern zugleich die Information der Öffentlichkeit.

In dem Maße, in dem Vertrauensverhältnisse in der Gesellschaft zu sich selbst thematisch werden, sind die damit verbundenen Themen auch ethischer Natur. Deshalb ist es nicht ausreichend, sie lediglich als Gegenstand binnenwissenschaftlicher und rechtlicher Regulierungen, historischer und soziologischer Beschreibungen zu betrachten, so unverzichtbar diese auch sind. Das gilt auch für das Thema der Wissenschaftsfreiheit. Es ist insofern für die Ethik Anlass über ihre eigene Stellung im Verhältnis zu den Wissenschaften und der Öffentlichkeit nachzudenken.[2]

---

lin; die Max-Planck-Gesellschaft hat im Frühjahr 2010 unter dem Titel „Hinweise und Regeln der Max-Planck-Gesellschaft zum verantwortlichen Umgang mit Forschungsfreiheit und Forschungsrisiken" einen neuen Ethikkodex beschlossen.

[2] Trutz Rendtorff: Ethik für die Wissenschaft – Bescheidwissen oder Begleitwissen?, in: Freiheit und Programm in Natur und Gesellschaft. Gaterslebener Begegnung 2001, Nr. 324, 2002 (Nova Acta Leopoldina N. F., Band 86), S. 177 ff.; vgl. Friedemann Voigt: Alle Macht den Ethikräten?, in: CAS Aviso 4 (2011), S. 3–5; abrufbar unter: www.cas.uni-muenchen.de/publikationen/newsletter/cas_aviso_0411.pdf (Stand: 01.02.2012).

Im Umgang mit den modernen Lebenswissenschaften zeichnen sich perspektivenreiche Aufgaben und Funktionen der Ethik ab, gerade wenn sie sich nicht die schlechte Entgegensetzung zu den Wissenschaften zu eigen macht. An Stelle des Anspruchs, in den gegenwärtigen Konflikten den Status einer Leitwissenschaft zu besitzen, wird die Ethik ihrer Aufgabe vielmehr dann gerecht, wenn sie sich als korrigierendes und regulierendes „Begleitwissen" (Trutz Rendtorff) bestimmt, welches die Aufgabe hat, die relevanten ethischen Fragestellungen im interdisziplinären Gespräch durch Unterscheidungen und Ordnungsstrukturen zuallererst zu gewinnen, zu präzisieren und öffentlich zu vermitteln. Das ist zugleich die Art und Weise, in der die Ethik das wissenschaftliche Ethos mit den anderen Wissenschaften teilt.

Das Thema „Freiheit der Wissenschaft" steht also an der Schnittstelle von Ethik, Wissenschaft und Öffentlichkeit. Es geht dabei immer auch um das Verständnis demokratischer, deliberativer Öffentlichkeit ebenso wie um das (Selbst-)Verständnis der an den ethischen Debatten beteiligten Wissenschaften und Personen. Es erscheint nicht nur wünschenswert, sondern auch im Sinne der Selbstaufklärung der Ethik von fundamentaler Bedeutung, die Funktion ethischer Reflexion im Spannungsfeld von Öffentlichkeit und Wissenschaft näher zu erkunden. Dazu bietet der vorliegende Band Beiträge und Diskussionsvorschläge aus unterschiedlichen Disziplinen.

Die Freiheit der Wissenschaft gehört als Grundrecht vor allem in den Bereich rechtswissenschaftlicher Erörterungen, hinsichtlich ihrer soziokulturellen Praxis und Folgen findet sie das Interesse der Soziologie, für die Naturwissenschaften ist sie Legitimationsgrundlage sowie Auftrag zur Erschließung und verantwortlichen Wahrnehmung innovativer Forschung, die Medizin ist aufgrund ihrer Anwendungsperspektive und ihrer Verpflichtung auf das ärztliche Ethos ein herausragendes Beispiel für die verantwortliche Wahrnehmung von Freiheit, die Philosophie reflektiert die rationalen und normativen Grundlagen der Wissenschaft, die protestantische Theologie und ihre Freiheitsemphase sind in der Auseinandersetzung zu einer Stellungnahme herausgefordert, die der theologiegeschichtlichen Bedeutung des Themas korrespondiert.

In diesem Bewusstsein, dass das Thema der Wissenschaftsfreiheit keiner Disziplin gehört und ihm zugleich große Bedeutung für das gegenwärtige gesellschaftliche und kulturelle Selbstverständnis zukommt, ist in den letzten Jahren neben einer verstärkten juristischen Behandlung auch eine Beschäftigung mit dem Thema entstanden, die seinem fachübergreifenden Charakter gerecht wird.[3] Dem entspricht das Bemühen, die Freiheit von Wissenschaft und Forschung in ethischen Konflikten als konkrete Größe auch zur Ermittlung von Handlungsoptionen einzuspeisen.[4]

Der vorliegende Band ist nicht unmittelbar auf eine Anwendungsperspektive ausgerichtet. Ihm geht es – bei aller Individualität der Beiträge – um den Ausgangspunkt bei der Frage von Wissenschaft und demokratischer Öffentlichkeit, er nimmt eine Perspektive ein, die in der Freiheit der Wissenschaft einen notwendigen und wesentlichen Bestandteil einer freien Gesellschaft sieht.

Ausgehend von einerseits den hohen Nutzenerwartungen an die Wissenschaft und andererseits vielfältigen Befürchtungen ihr gegenüber, entwickeln Alfons Bora und David Kaldewey das Verhältnis zwischen Wissenschaft und Öffentlichkeit als eines der wechselseitigen Angewiesenheit und Beobachtung. Das Verhältnis hat sich inzwischen von einer Vermittlung von Wissen in einen Dialog zwischen Wissenschaft und Öffentlichkeit gewandelt. Die Öffentlichkeit ist zur „Legitimations- und Ressourcenquelle“ von Wissenschaft geworden. Versuche der direkten öffentlichen Partizipation an wissenschaftlichen Prozessen überstrapazieren dieses Verhältnis dann aber wiederum. Die „Ethisierung der Wissenschaft“ ist demgegenüber eine abgestufte und relativ neue Form, in der das Verhältnis zur Öffentlichkeit zu gestalten gesucht wird – Ausgang ungewiss.

Jörg Hacker und Susanne Behrens-Kneip nehmen die Freiheit der Wissenschaft im Zusammenhang der gegenwärtigen Debatte um die Lebenswissenschaften auf. Diese trägt in sich den Appell, dass Wissenschaft, Gesellschaft und Politik verstärkt miteinander in den Dialog treten müssen. In ihrem Beitrag erörtern Hacker und Behrens-Kneip derzeit innovative, aber auch mit vielfältigen öffentlichen Befürchtungen konfrontierte Gebiete der lebenswissenschaftlichen Forschung wie die Synthetische Biologie, die Stammzellforschung und die Präimplantationsdiagnostik. Sie zeigen, wie die dort notwendige und nachhaltig zu verteidigende Wissenschaftsfreiheit als zentrales Rechtsgut einer freien

---

[3] Rainer Albert Müller, Rainer Christoph Schwinges (Hg.): Wissenschaftsfreiheit in Vergangenheit und Gegenwart, Basel 2008; Hans-Georg Babke (Hg.): Wissenschaftsfreiheit, Frankfurt a. M. u. a. 2010; Torsten Wilholt: Die Freiheit der Forschung. Begründungen und Begrenzungen, Frankfurt a. M. 2012.

[4] Herwig Grimm, Stephan Schleissing (Hg.): Grüne Gentechnik: Zwischen Forschungsfreiheit und Anwendungsrisiko, Baden-Baden 2012.

Gesellschaft zugleich der ethischen Reflexion auf die wissenschaftliche Verantwortung bedarf.

Für das Gebiet der medizinischen Forschung skizziert Christian Kupatt die externen und internen Grenzen der Wissenschaftsfreiheit. Er weist darauf hin, dass in Folge dieser durch ärztliches Ethos vermittelten Inanspruchnahme freier Forschung bestimmte Anwendungen ausgeschlossen werden. Zugleich aber besitzt die Medizin gerade wegen ihrer Anwendungsorientierung und der damit verbundenen Verantwortung ein hohes Innovationspotential: „Die Verpflichtung auf die Regeln der Anwendung ist nicht nur Einschränkung, sie ist im Erfolgsfall zugleich das Tor zur therapeutischen Umsetzung." Die medizinische Wissenschaft nimmt so die Wissenschaftsfreiheit in Anspruch, um produktiv zu werden und innovative Diagnose- und Therapiekonzepte zu erarbeiten, ihre aus dem ärztlichen Ethos herrührende Selbstverpflichtung zum Verzicht auf bestimmte Forschungsoptionen unterscheidet sie zugleich signifikant von anderen Wissenschaften.

In den folgenden drei Beiträgen erörtert der Band normative Konzeptionen der Wissenschaftsfreiheit. So geht zunächst Ino Augsberg dem Zusammenhang von Wissenschaft und Öffentlichkeit aus rechtswissenschaftlicher Perspektive nach. Die grundrechtlich garantierte Freiheit von Wissenschaft und Forschung befragt er dazu nach den individuellen oder institutionellen Garantien, den objektiven oder subjektiven Schutzaufgaben. Indem er sich dieser Aufgabe über die Frage nach dem Telos der Wissenschaftsfreiheit nähert, nimmt er Erkenntnisse der Wissenschaftssoziologie in seine Analyse auf und unterscheidet handlungs- und systembezogene Aspekte, in deren Folge eine stärkere Differenzierung zwischen Forschung, Lehre und Wissenschaft zu entwickeln ist.

Michael Reder setzt seine Überlegungen in einen weiten philosophiehistorischen Kontext. Er erinnert an Nicolaus Cusanus und Jacques Derrida, die trotz ihrer zeitlichen Distanz beide in globalen Umbruchphasen gelebt haben, die das Denken und damit auch die Wissenschaften neu herausforderten. Für beide Denker war die jeweilige Neubestimmung und Verteidigung der Wissenschaftsfreiheit eine wichtige Bedingung für eine Überwindung dieser Krisensituationen. Reders Beitrag zeigt, wie in beiden Fällen eine „Wissenschaftsfreiheit nach innen" ausgebildet wurde, welche aber immer auch die Notwendigkeit einer internen Wissenschaftsskepsis gegenüber überzogenen Erkenntnis- und Wahrheitsansprüchen mit sich trägt. Damit ist darauf verwiesen, dass die Wissenschaft niemals rein private Beschäftigung ist, sondern immer Teil der Öffentlichkeit. Dennoch ist auch die Wissenschaftsfreiheit nach außen wichtig, denn sie ist vor einer zu starken Vereinnahmung zu schützen, um ihre Funktion für die Gesellschaft erfüllen zu können. Freiheit der Wissenschaft, so Reders Plädoyer in Anschluss an Cusanus und Derrida, bedarf deshalb nach innen wie nach außen sowohl selbstbewusster Akteure wie einer eigenständigen Denkgemeinschaft.

Elif Özmen nimmt ihren Ausgangspunkt bei der problematischen Tendenz anwendungsorientierter „Bindestrich-Ethiken", die Anwendungsfragen von den theoretischen Grundlagen abzukoppeln. Hier besteht auch für die Wissenschaftsethik die Gefahr der „Banalisierung der normativen Dimensionen der Wissenschaft". Dem stellt sie eine Betrachtung entgegen, der das Ethos der Wissenschaft „nicht nur der systematische, sondern auch der historische Kontext" ist, in dem sich die Frage nach der Freiheit der Wissenschaft überhaupt stellt. Denn der gesellschaftliche Wert der freien Wissenschaft ist trotz der Einsicht in die auch zerstörerischen Folgen angewandter Wissenschaft glaubwürdig und tragfähig, wie das auch die soziologischen Analysen von Bora und Kaldewey zeigen. Diese politischen und gesellschaftstheoretischen Dimensionen der Wissenschaftsfreiheit und der Wissenschaft sind nach Özmen aber um ethisch-moralische und epistemisch-wissenschaftstheoretische Dimensionen zu ergänzen. Damit zielt sie auf eine Aktualisierung des Konzepts der „Wissenschaft als Lebensform". Die Wissenschaftsfreiheit wird dann das zu dieser Lebensform gehörige Recht, das sie als theoretisches wie als praktisches Gut schützt.

Mit den beiden letzten Beiträgen wendet sich der Band den Fragen des Umgangs mit den wissenschaftsinternen und gesellschaftlichen Folgen der Wissenschaftsfreiheit zu – wenn diese Folgen andere sind als von den Wissenschaftlern selbst oder der Gesellschaft erwartet beziehungsweise gewünscht.

Auf dem Gebiet der Theologie ist das sinnfälligste Beispiel dafür die historisch-kritische Bibelforschung. Sie hat in einem die Erfassung der Grundlage des christlichen Glaubens erschüttert und neu begründet. Am Beispiel der „Hallischen Streitigkeiten" im frühen 19. Jahrhundert schildert Friedemann Voigt die Versuche konservativer protestantischer Kreise, die freie Schriftforschung durch die Einführung einer Bekenntnisverpflichtung zu begrenzen. Die sich daran anschließende Debatte in der protestantischen Theologie hat die freie wissenschaftliche Beschäftigung mit der Schrift und dem Glauben als Wesensmerkmal des Protestantismus herausgearbeitet, das die Legitimität, ja Notwendigkeit eines positionellen Pluralismus aus sich heraussetzt. Ebendiese Frage von Erhalt oder Abschaffung des positionellen Pluralismus erweist sich als der entscheidende Diskurszusammenhang der Theologie in der Moderne. Er setzt sich über die Theologie hinaus in die wissenschaftstheoretischen Fragen und enzyklopädischen Debatten zu einer möglichen neuen Leitwissenschaft bis in die Gegenwart fort. Voigt sieht die protestantische Theologie aufgrund ihrer Geschichte in besonderer Weise dazu aufgefordert, die Wissenschaftsfreiheit als zentrales Symbol dieses Pluralismus zu verteidigen.

Wolfgang van den Daele schildert den Fall des amerikanischen Molekularbiologen und Nobelpreisträgers James Watson, der 2007 für öffentliche Irritationen und Proteste sorgte, als er die Untersuchung von Unterschieden im Intelligenzniveau ethnischer Gruppen forderte. Der Protest richtete sich gegen die rassistischen Tendenzen dieser Forschungshypothese und führte zu der Forderung, eine solche Forschung habe zu unterbleiben. Dieser Fall wird zum Ausgangspunkt einer historisch und soziologisch weitgespannten Analyse der öffentlich geforderten und geförderten Verselbständigung des Wissenschaftssystems in der Neuzeit einerseits und der latent auftretenden öffentlichen Forderungen nach Limitierung von Forschung wegen problematischer Folgen andererseits. Dabei ist die Ausdifferenzierung der Wissenschaft „zugleich die Lizenz, der Gesellschaft Wahrheitsschäden aufzuerlegen", denn wie van den Daele zeigt, wird die Wissenschaft für moralische und politische Kosten ihrer Forschung nicht selbst belangt, sondern sie sind von der Gesellschaft zu übernehmen. Tatsächlich aber bewegt sich die soziale Verantwortung auch in einer anderen Sphäre als der der Wissenschaft selbst. Das kann auch als wechselseitige Entlastung von Wissenschaft und Öffentlichkeit verstanden werden. Denn es mag zwar das Risiko, dass die Forschung mit bestimmten Fragestellungen und Hypothesen z. B. rassistischen Vorurteilen in die Hände arbeitet, nicht auszuschließen sein, aber „vielleicht sollte man Rassismus anders bekämpfen als durch den Versuch, die Inhalte von Forschung moralisch und politisch an die Leine zu legen".

Mit dem Stichwort der „Entdramatisierung" des Konfliktes von Wissenschaft und Öffentlichkeit benennt Wolfgang van den Daele schließlich eine wesentliche Absicht dieses Bandes. Entdramatisierung bedeutet immer auch Versachlichung von Konflikten, was in vielen Fällen auch schon Umgangsmöglichkeiten mit ihnen eröffnet, die den Konflikt in Konsens zu überführen geeignet sind. Dies entspricht zugleich dem Verständnis von Ethik, dem dieser Band verpflichtet ist und in dessen Horizont sich das Thema der Freiheit der Wissenschaft entfaltet.

Die Wissenschaftsfreiheit im Spiegel der Öffentlichkeit

ALFONS BORA UND DAVID KALDEWEY

Wissenschaft ist seit jeher Gegenstand öffentlicher Aufmerksamkeit gewesen. Immer schon haben sich Wissenschaftler auch mit der Frage befassen müssen, wie ihr Handeln außerhalb der akademischen Welt wahrgenommen wird, und zwar unabhängig davon, ob sie ihren Beruf im Sinne Max Webers als einen „inneren" oder einen „äußeren" ausüben.[1] Was bedeutet dies für die Wissenschaftsfreiheit? Zunächst bezeichnet diese das Prinzip der Binnenlegitimation wissenschaftlichen Handelns, das sich allein aus der Rationalität eines auf handlungsentlastete Wahrheitssuche gerichteten Diskurses speist. Damit ist jedoch nicht gemeint, dass sich das wissenschaftliche Handeln vollständig von der gesellschaftlichen Umwelt isoliert. Vielmehr richtet die Gesellschaft verschiedenartige Erwartungen an den Ertrag wissenschaftlichen Handelns und die akademische Wissenschaft kann es sich – und sei es nur im Hinblick auf die Sicherung ihrer materiellen Existenzgrundlagen – nicht leisten, diese Erwartungen zu ignorieren. Autorität und Legitimität der Wissenschaft beruhen nicht zuletzt darauf, dass ihre Erkenntnisse – das können neue Technologien oder neue Einsichten in natürliche, soziale und kulturelle Zusammenhänge sein – in anderen gesellschaftlichen Bereichen Zuspruch finden. Über die Idee der Wissenschaftsfreiheit lässt sich deshalb nicht reden, ohne auch auf die Spannung zwischen einer „um ihrer selbst willen"[2] und einer im Dienste der Öffentlichkeit betriebenen Wissenschaft einzugehen.

Das Verhältnis von Wissenschaft und Öffentlichkeit ist mittlerweile in zahlreichen soziologischen, kommunikationswissenschaftlichen und wissenschaftshistorischen Studien ausführlich diskutiert worden. Ein

---

[1] Max Weber: Wissenschaft als Beruf (1919), in: Johannes Winckelmann (Hg.): Gesammelte Aufsätze zur Wissenschaftslehre, 7. Auflage, Tübingen 1988, S. 582–613.

[2] Ebd., S. 593 und S. 599.

Hauptstrang der Forschung interessiert sich für die Öffentlichkeit im Sinne eines breiten Publikums, dessen Erwartungen und Befürchtungen primär von den Massenmedien kommuniziert werden und welches sich auch politisch Gehör zu verschaffen vermag. Untersucht werden dann etwa die Wahrnehmung der Wissenschaft durch die Medien,[3] die Möglichkeiten und Grenzen eines Dialogs zwischen Wissenschaft und Gesellschaft,[4] die Rolle wissenschaftlichen Wissens in politischen Entscheidungsprozessen,[5] Aspekte des beidseitigen Wissenstransfers zwischen Wissenschaft und Öffentlichkeit[6] und schließlich die Frage, welche Rückwirkungen das öffentliche Interesse und der Einfluss außerwissenschaftlicher Systemlogiken für die praktische Forschung haben kann.[7] Von diesen Studien zu unterscheiden sind einige Ansätze der neueren Wissenschaftsforschung, in denen die Öffentlichkeit dezidiert politisch gefasst wird und die vor diesem Hintergrund bewusst normativ diskutieren, ob und in welchen Fällen der Wissenschaftsfreiheit Grenzen gesetzt werden müssen.[8] Ein dritter Forschungsstrang geht davon aus, dass es im Sinne der Öffentlichkeit ist, die Wissenschaft in bestimmte Wissensregime einzubinden – etwa nationale Innovationssysteme –, um ihren Beitrag zur Wettbewerbsfähigkeit moderner Volkswirtschaften

---

[3] Friedhelm Neidhardt: Wissenschaft als öffentliche Angelegenheit (WZB-Vorlesungen 3), Berlin 2002.

[4] Massimiano Bucchi, Brian Trench (Hg.): Handbook of Public Communication of Science and Technology, London, New York 2008.

[5] Renate Mayntz u. a. (Hg.): Wissensproduktion und Wissenstransfer. Wissen im Spannungsfeld von Wissenschaft, Politik und Öffentlichkeit, Bielefeld 2008.

[6] Sybilla Nikolow, Arne Schirrmacher (Hg.): Wissenschaft und Öffentlichkeit als Ressourcen füreinander. Studien zur Wissenschaftsgeschichte im 20. Jahrhundert, Frankfurt a. M., New York 2007.

[7] Martina Franzen: Breaking News. Wissenschaftliche Zeitschriften im Kampf um Aufmerksamkeit, Baden-Baden 2011; Simone Rödder: Wahrhaft sichtbar. Humangenomforscher in der Öffentlichkeit (Wissenschafts- und Technikforschung, Band 1), Baden-Baden 2009; Simone Rödder, Martina Franzen, Peter Weingart (Hg.): The Sciences' Media Connection. Public Communication and its Repercussions (Sociology of the Sciences Yearbook, Vol. 28), Dordrecht u. a. 2012; Peter Weingart: Die Wissenschaft der Öffentlichkeit. Essays zum Verhältnis von Wissenschaft, Medien und Öffentlichkeit, Weilerswist 2005.

[8] Philip Kitcher: Science, Truth, and Democracy, Oxford 2001; Helga Nowotny, Peter Scott, Michael Gibbons: Re-Thinking Science. Knowledge and the Public in an Age of Uncertainty, London 2001; Steve Fuller: New Frontiers in Science and Technology Studies, Cambridge 2007.

zu maximieren.[9] Einerseits zeigt also bereits ein flüchtiger Blick in die Literatur, dass das Themenfeld gut erschlossen ist, andererseits fällt im Bezug auf die Frage der Wissenschaftsfreiheit immer wieder eine Engführung der bisherigen Auseinandersetzungen auf: Die meisten Beiträge implizieren, dass das alte Ideal der Forschung in „Einsamkeit und Freiheit“[10] heute keine zentrale Rolle mehr spiele und assoziieren damit die Öffentlichkeit tendenziell mit einer Einschränkung der Wissenschaftsfreiheit. Dagegen versucht der vorliegende Beitrag darzulegen, dass der Öffentlichkeit keineswegs nur eine die Wissenschaftsfreiheit beschränkende, sondern zugleich eine diese ermöglichende Funktion zukommt. Allerdings, so die These, stößt fast jede systematische Auseinandersetzung mit dem Konzept der „Öffentlichkeit“ auf das Problem einer diesem Begriff inhärenten Mehrdeutigkeit.

Konkret wird im Folgenden untersucht werden, welchen Stellenwert Wissenschaftsfreiheit in der öffentlichen Wahrnehmung hat, welche Erwartungen in diesem Zusammenhang an die Wissenschaft gerichtet werden und welche Herausforderungen sich aus diesen öffentlichen Erwartungen für die wissenschaftliche Kommunikation im akademischen wie außerakademischen Kontext ergeben. Nach einer kurzen begrifflichen Bestimmung der Ausgangsposition wird zunächst an die Rolle innerwissenschaftlicher Öffentlichkeit erinnert (1), bevor die mit der Semantik der „Praxis“ verbundene öffentliche Leistungserwartung an die Wissenschaft erörtert wird (2). Diese ist, so die hier vertretene These, zumindest analytisch von der demokratischen Kontrolle der Wissenschaft zu trennen, die gerade nicht auf Praxisrelevanz, sondern auf Gemeinwohl-Argumenten gründet (3). Im Hinblick auf diese Kopplung zwischen Wissenschaft und demokratischer Öffentlichkeit lassen sich dann unterschiedliche Modi der wechselseitigen Adressierbarkeit beschreiben, aus denen jeweils ganz spezifische Herausforderungen

---

[9] Henry Etzkowitz, Loet Leydesdorff: The Dynamics of Innovation. From National Systems and „Mode 2“ to a Triple Helix of University-Industry-Government Relations, in: Research Policy 29/2 (2000), S. 109–123; Bengt-Åke Lundvall (Hg.): National Systems of Innovation. Towards a Theory of Innovation and Interactive Learning, London 1992; Richard R. Nelson (Hg.): National Innovation Systems. A Comparative Analysis, Oxford 1993.

[10] Helmut Schelsky: Einsamkeit und Freiheit. Idee und Gestalt der deutschen Universität und ihrer Reform (Wissenschaftstheorie, Wissenschaftspolitik, Wissenschaftsplanung, Band 20), 2., um einen „Nachtrag 1970“ erweiterte Auflage, Reinbek bei Hamburg 1971.

für wissenschaftliche Kommunikation erwachsen (4). Der kurze Überblick schließt mit der Empfehlung, zwischen der Öffentlichkeit als „Leistungsempfänger" und der Öffentlichkeit als „Souverän" zu unterscheiden (5).

1. Die innerwissenschaftliche Öffentlichkeit der scientific community

Wissenschaft ist immer schon eine in einem bestimmten Sinne „öffentliche Angelegenheit",[11] sie geht allerdings auch nicht in öffentlicher Kommunikation auf. Unter Wissenschaft wird im Folgenden ein gesellschaftliches Funktionssystem im Sinne eines geschlossenen Kommunikationszusammenhangs verstanden, das auf die Produktion von wahrheitsfähigen Aussagen spezialisiert ist und der Gesellschaft dadurch neues Wissen zur Verfügung stellt.[12] Auch die Öffentlichkeit kann als ein spezieller Modus des Kommunizierens verstanden werden, anders als die Wissenschaft bildet sie aber keinen durch Codes und Programme geschlossenen Funktionszusammenhang. Vielmehr ist sie – im wörtlichen Sinne – eine offene Kommunikationsform, die einen unbestimmten Kreis von Hörern und/oder von Sprechern impliziert, also für „jedermann" Hörer- oder Sprecherpositionen bereitstellt. Während wissenschaftliche Kommunikation im Normalfall eine Kommunikation unter Wissenschaftlern ist – das Publikum wissenschaftlicher Publikationen rekrutiert sich primär aus Wissenschaftlern, nicht aus Laien[13] –, zeichnet sich die öffentliche Kommunikation durch einen Mechanismus der breiten Inklusion von Personen in Kommunikationszusammenhänge aus.[14] Je nachdem, ob ein allgemeines oder ein exklusives Publikum adressiert wird, kommuniziert die Wissenschaft also öffentlich oder nicht öffentlich. Davon zu unterscheiden ist wiederum der Fall der innerwissenschaftlichen Öffentlichkeit.

Die Bedeutung innerwissenschaftlicher Öffentlichkeit ergibt sich aus dem Funktionszusammenhang des Wissenschaftssystems. Folgt

---

[11] Friedhelm Neidhardt: Wissenschaft als öffentliche Angelegenheit (wie Anm. 3).

[12] Niklas Luhmann: Die Wissenschaft der Gesellschaft, Frankfurt a. M. 1990.

[13] Vgl. Rudolf Stichweh: Zur Entstehung des modernen Systems wissenschaftlicher Disziplinen. Physik in Deutschland 1740–1890, Frankfurt a. M. 1984, S. 84 f.

[14] Alfons Bora: Differenzierung und Inklusion. Partizipative Öffentlichkeit im Rechtssystem moderner Gesellschaften, Baden-Baden 1999.

man dem Wissenschaftssoziologen Robert K. Merton, dann zeichnet sich das wissenschaftliche Handeln durch einen Komplex kultureller Werte und Verhaltensmaßregeln aus, die für den einzelnen Wissenschaftler als bindend erachtet werden.[15] Diese normative Struktur konstituiert eine wissenschaftsinterne Öffentlichkeit, in der jeder, der die entsprechenden Werte internalisiert hat, Hörer- und Sprecherpositionen einnehmen kann. Merton hat dabei folgende vier idealtypische Eigenschaften in den Vordergrund gestellt. Erstens spricht er von Kommunitarismus („communitarianism"), womit gemeint ist, dass die Ergebnisse wissenschaftlicher Wissensproduktion das Produkt gemeinschaftlicher Erkenntnisprozesse aller beteiligten Wissenschaftler sind. Das solchermaßen gewonnene Wissen steht folglich allen Mitgliedern der Kommunikationsgemeinschaft zur freien Verfügung. Vor diesem Hintergrund erscheinen dann etwa Patentierungen als problematisch, weil sie das wissenschaftliche Wissen der Öffentlichkeit vorenthalten. Zweitens nennt Merton den wissenschaftlichen Universalismus („universalism"). Damit ist der Umstand bezeichnet, dass die Bewertung wissenschaftlicher Forschung unabhängig von der Person oder den sozialen Attributen des verantwortlichen Wissenschaftlers erfolgt. Die Sprecherposition steht also im Prinzip jedem offen, woraus wiederum folgt, dass Reputation nicht die Voraussetzung, sondern das Ergebnis herausragender wissenschaftlicher Arbeit ist. Als wesentliche persönliche Eigenschaft von Wissenschaftlern nennt Merton drittens die Uneigennützigkeit („disinterestedness"). Diese zeigt sich etwa in einer leidenschaftlichen Neugier oder in einem selbstlosen Eintreten für das Wohl der Menschheit. Hiermit wird die Offenheit der Sprecherposition eingeschränkt, denn es widerspräche der Norm, das eigene Wissenschaftshandeln in den Dienst von persönlichen oder sonstigen außerwissenschaftlichen Interessen zu stellen. Viertens markiert der organisierte Skeptizismus („organized scepticism") die zentrale strukturelle Bedingung wissenschaftlicher Kommunikation. Damit ist gemeint, dass es jederzeit legitim ist, wissenschaftliche Urteile vor dem Hintergrund neuer Fakten in Frage zu stellen und einer kritischen Prüfung zu unterziehen. Es geht hier wesentlich um die Position der Hörer, denn das (wissenschaftsinterne) Publikum nimmt die von den Sprechern mit Wahrheitsanspruch geäußerten Aussagen nicht einfach

---

15 Robert K. Merton: The Sociology of Science. Theoretical and Empirical Investigations, Edited and with an Introduction by Norman W. Storer, Chicago 1973, S. 267 ff.

passiv zur Kenntnis, sondern engagiert sich aktiv in deren Kritik. Unter Umständen ist es denkbar, dass auch das außerwissenschaftliche Publikum als „extended peer community"[16] diese Sprecherposition einnimmt.

Für Universalismus, Kommunitarismus und organisierten Skeptizismus ist der uneingeschränkte und insofern öffentliche Austausch von Fakten und Argumenten eine notwendige Voraussetzung. Auch für die Überprüfbarkeit persönlicher „disinterestedness" bedarf es der wissenschaftsinternen öffentlichen Beobachtung des Handelns einzelner Wissenschaftler. Man kann insofern für die Wissenschaft allgemein festhalten, dass sie konstitutiv auf eine spezifische Form interner Öffentlichkeit angewiesen ist. In diesem Sinne formulierte schon Schleiermacher: „Mittheilung ist das erste Gesez jedes auf Erkenntniß gerichteten Bestrebens".[17] Nun lassen sich seit einiger Zeit Tendenzen beobachten, die Ergebnisse des Erkenntnisprozesses monetär zu privatisieren – die Rede ist etwa von einer „Ökonomisierung der Wissenschaft"[18] oder von einem „akademischen Kapitalismus"[19] –, so dass sich die Frage aufdrängt, ob und inwieweit die Norm des Kommunitarismus durch die Patentierung und Privatisierung wissenschaftlichen Wissens verletzt wird. Wolfgang Frühwald hat diesbezüglich vorgeschlagen, zwei „Wissenskreisläufe" zu unterscheiden, nämlich den auf Wissensgenerierung zielenden „Forschungsprozess" und den auf marktfähige Produkte ausgerichteten „Innovationsprozess"[20]. Der erste Kreislauf lebe von der wissenschaftsinternen Öffentlichkeit, während der zweite notwendig privatwirtschaftlich organisiert sei. Anstatt nun vorschnell von einer „feindlichen Über-

---

16 Silvio O. Funtowicz, Jerome R. Ravetz: Science for the post-normal age, in: Futures 25/7 (1993), S. 739–755, hier S. 740 f.

17 Friedrich Daniel Ernst Schleiermacher: Kritische Gesamtausgabe, Abt. 1: Schriften und Entwürfe, Band 6: Universitätsschriften, hg. von Dirk Schmid, Berlin, New York 1998, S. 22.

18 Peter Weingart: Ökonomisierung der Wissenschaft, in: NTM Zeitschrift für Geschichte der Wissenschaften, Technik und Medizin 16/4 (2008), S. 477–484; Merle Jacob: On Commodification and the Governance of Academic Research, in: Minerva 47 (2009), S. 391–405.

19 Sheila Slaughter, Larry L. Leslie: Academic Capitalism. Politics, Policies, and the Entrepreneurial University, Baltimore 1997; Daniel S. Greenberg: Science for Sale. The Perils, Rewards, and Delusions of Campus Capitalism, Chicago 2007.

20 Wolfgang Frühwald: Zeit der Wissenschaft. Forschungskultur an der Schwelle zum 21. Jahrhundert, Köln 1997, S. 77 ff. und S. 89 ff.

nahme“[21] der Wissenschaft durch die Ökonomie zu sprechen, schlägt Frühwald vor, genauer zu untersuchen, wie weit sich die beiden Wissenskreisläufe annähern und überschneiden dürfen, ohne dass es zu einer problematischen Verschmelzung und damit zu einer Aufgabe der Wissenschaftsfreiheit kommt. Es geht hier, mit anderen Worten, um das Verhältnis von Wissenschaft und Praxis und damit um eine spezifische Form von Öffentlichkeit, die im Folgenden näher erläutert wird.

2. Die Öffentlichkeit als Leistungsempfänger

Die gesellschaftliche Umwelt erwartet von der Wissenschaft vor allem spezialisierte Leistungen. In der Politik etwa besteht eine Nachfrage nach Beratung und Expertise, die Wirtschaft dagegen ist an Patenten und an technologisch verwertbaren wissenschaftlichen Erkenntnissen interessiert. Diese „praktische“ Inanspruchnahme von Wissenschaft ist historisch betrachtet kein neues Phänomen, hat aber in der jüngeren Zeit eine besondere Dynamik entfaltet. Dies wird etwa in der erwähnten Diskussion zur Ökonomisierung der Wissenschaft deutlich, aber auch an aktuellen Zeitdiagnosen, die für die letzten Jahrzehnte einen fundamentalen Strukturwandel der Wissenschaft behaupten. Gängige Schlagworte dieses Diskurses sind „mode 2“[22], „post-normal science“[23] oder „triple helix“[24]. An die Stelle der akademischen Wissenschaft und der selbstzweckhaften Wahrheitssuche, so die verbreitete Vermutung, sei heute eine unmittelbar auf die verschiedenen Anwendungskontexte zugeschnittene heterogene Wissensproduktion getreten.

Die Geschichte der Wissenschaft zeigt allerdings, dass die Orientierung an externen Erwartungen das wissenschaftliche Handeln immer

---

21 Uwe Schimank: Ökonomisierung der Hochschulen – eine Makro-Meso-Mikro-Perspektive, in: Karl-Siegbert Rehberg (Hg.): Die Natur der Gesellschaft. Verhandlungen des 33. Kongresses der Deutschen Gesellschaft für Soziologie in Kassel 2006, Band 1, Frankfurt a. M., New York 2008, S. 622–635.

22 Michael Gibbons u. a.: The New Production of Knowledge. The Dynamics of Science and Research in Contemporary Societies, London u. a. 1994; Helga Nowotny, Peter Scott, Michael Gibbons: Re-Thinking Science (wie Anm. 8).

23 Silvio O. Funtowicz, Jerome R. Ravetz: Science for the post-normal age (wie Anm. 16).

24 Henry Etzkowitz, Loet Leydesdorff: The Dynamics of Innovation (wie Anm. 9).

schon begleitet hat. Die mittelalterlichen und frühneuzeitlichen Universitäten etwa waren keineswegs Elfenbeintürme der Gelehrsamkeit, vielmehr ordneten sie die drei auf außerwissenschaftliche Berufe vorbereitenden höheren Fakultäten (Medizin, Jurisprudenz und Theologie) der rangniedrigeren vierten Fakultät über. In dieser so genannten Artistenfakultät wurden die „septem artes liberales" gelehrt, also wissenschaftliche Grundkenntnisse wie Rhetorik, Grammatik, Dialektik (heute würde man vielleicht eher Logik dazu sagen) sowie Geometrie, Astronomie, Arithmetik und Musik. Die niedrigere Stellung dieser „Künste" korrespondierte mit den öffentlich kommunizierten Erwartungen an die praktische Nützlichkeit der Universitätsausbildung: Die Kirche, der Staat und die Gesellschaft benötigten schließlich keine Philosophen, sondern gut ausgebildetes Personal für spezifische Berufe sowie für staatliche und kirchliche Ämter. Die Frage, ob die frühen Universitätsgründungen primär auf solche gesellschaftlichen Praxiserwartungen zurückgehen oder ihren Ursprung umgekehrt gerade in der Freiheit von gesellschaftlichen Zwängen haben, ist in der Literatur umstritten. Folgt man dem Universitätshistoriker Walter Rüegg, dann ist der Erfolg der Universitäten nur durch das in ihnen institutionalisierte reine Erkenntnisstreben, den „amor sciendi" zu erklären. Ebendiese „manifeste Funktion" der Universitäten, so Rüeggs These, sei die Grundlage ihrer „latenten Funktion", nämlich der Bereitstellung professioneller Kader und Fertigkeiten für das praktische Leben. Diese zweigleisige Struktur sei auch heute noch relevant: „Die in der heutigen Forschung im Vordergrund stehende gesellschaftliche Aufgabe der akademischen Berufsausbildung konnte die Universität nur erfüllen, weil sie das Lernen und Lehren rationaler Wahrheitssuche zum Inhalt institutioneller Regelungen, des kollegial verantworteten Studiums, machte."[25]

Zu einer Aufwertung der Artistenfakultät kommt es erst im Verlauf des 18. Jahrhunderts, und zwar deshalb, weil in ihr der moderne Wissenschaftsbegriff eine institutionelle Verkörperung findet.[26] Eine programmatische Formulierung findet diese Umwertung in Immanuel Kants Schrift über den „Streit der Fakultäten".[27] Kant hebt hervor, dass die oberen Fakultäten in erster Linie dem Staat und dessen

---

[25] Walter Rüegg: Themen, Probleme, Erkenntnisse, in: ders. (Hg.): Geschichte der Universität in Europa, Band I: Mittelalter, München 1993, S. 23–48, hier S. 38.

[26] Rudolf Stichweh: Zur Entstehung des modernen Systems wissenschaftlicher Disziplinen (wie Anm. 13), S. 31 ff.

[27] Immanuel Kant: Der Streit der Fakultäten (1798), Hamburg 2005.

Bedürfnissen verpflichtet seien, beansprucht aber zugleich, dass dies für die philosophische Fakultät nicht gelte, denn sie urteile autonom nach dem Maßstab der Wahrheit und sei insofern auch eine wichtige Kontrollinstanz für die Wissensansprüche der oberen Fakultäten. Damit ist ein Idealmodell der Universität entworfen, in welchem gerade der ungleiche Praxisbezug der Fakultäten, die Differenz von Wahrheit und Nützlichkeit, als modus operandi fungiert: Die Universität, so Kants Vorstellung, prozessiert gewissermaßen entlang der Unterscheidung von autonomer Wahrheitssuche und praxisorientierter Ausbildung professionellen Personals. Diese Idee ist geschichtlich insofern Wirklichkeit geworden, als die philosophische Fakultät im 18. und 19. Jahrhundert zur Heimat der neu entstandenen Erfahrungswissenschaften, etwa der Psychologie und der Ökonomie, vor allem aber der Naturwissenschaften, geworden ist. Natürlich veränderten sich mit den neu entstandenen Disziplinen auch die externen Erwartungen an die akademische Bildung. Unter den naturwissenschaftlichen Disziplinen war es zunächst vor allem die Chemie, die sich der Öffentlichkeit durch ihre Nützlichkeit präsentierte und die nicht nur neue Berufe hervorbrachte, sondern zu einer wesentlichen Triebkraft der industriellen Revolution wurde.[28] Diese Entwicklungen haben im Lauf der Zeit auch die Universitätslandschaft umgepflügt, so entstanden schon während der Aufklärung Akademien und höhere Fachschulen, die gezielt nützliches Wissen produzieren und weitergeben sollten, und ab den 1870er Jahren fanden die angewandten Wissenschaften in den Technischen Hochschulen eine neue institutionelle Basis.[29]

Die Praxiserwartungen der Gesellschaft gegenüber der Wissenschaft nehmen im 20. Jahrhundert eine neue, abstraktere Form an. Es geht jetzt nicht mehr nur um die Ausbildung von Professionellen, Experten und Ingenieuren, die nach ihrem Universitätsstudium in der Gesellschaft tätig werden. Vielmehr setzt sich in den 1950er und 1960er Jahren die Idee durch, dass es das wissenschaftliche Wissen selbst ist, welches früher oder später in Form von technischen Anwendungen praktische

---

28 Christoph Meinel: „... die Chymie anwendbarer und gemeinnütziger zu machen". Wissenschaftlicher Orientierungswandel in der Chemie des 18. Jahrhunderts, in: Angewandte Chemie 96 (1984), S. 326–334; Robert Bud, Gerrylynn K. Roberts: Science versus Practice. Chemistry in Victorian Britain, Manchester 1984.

29 Donald E. Stokes: Pasteur's Quadrant. Basic Science and Technological Innovation, Washington, D. C. 1997, S. 34 ff.

Gestalt annimmt. Dafür steht das sogenannte „lineare Innovationsmodell", demzufolge von der Grundlagenforschung über die angewandte Forschung und Entwicklung bis hin zur wirtschaftlichen Vermarktung der darauf basierenden Produkte ein zielgerichteter Prozess abläuft, in welchem jeder Schritt auf den vorhergehenden aufbaut.[30] Als ein zentrales Dokument dieser Sichtweise gilt der 1945 veröffentlichte Report „Science – The Endless Frontier", mit dem Vannevar Bush, der Direktor des „Office of Scientific Research and Development", gegen Ende des Zweiten Weltkriegs Empfehlungen für eine zukünftige Wissenschafts- und Forschungspolitik aussprach.[31] Das wichtigste Argument von Bush lautete, dass Wissenschaftsfreiheit und wirtschaftlicher Erfolg nicht im Widerspruch zueinander stehen, sondern sich vielmehr gegenseitig bedingen: Denn es sei gerade die autonome Grundlagenforschung, die auf längere Sicht zu technischen Innovationen und damit zu nationalem Wohlstand führe. Tatsächlich kann der Bush-Report als ein Gründungstext der Wissenschafts- und Forschungspolitik im modernen Sinne gelesen werden, denn er prägte nicht nur die amerikanische Wissenschaftspolitik der Nachkriegszeit, sondern war auch in Europa höchst einflussreich.[32] Allerdings geriet die Idee der freien und gerade deshalb nützlichen Grundlagenforschung in den 1960er Jahren und verstärkt ab 1980 in die Kritik, es wurde nun wieder versucht, gezielter angewandte Forschung zu fördern und die Wissenschaft damit unmittelbarer auf die Anforderungen der Praxis zu verpflichten.[33]

Schon diese kurze historische Skizze zeigt deutlich, dass die Wissenschaft nicht zuletzt deshalb eine öffentliche Angelegenheit ist, weil in ihrer gesellschaftlichen Umwelt hohe Erwartungen an ihre „praktische

[30] Ebd.; Benoît Godin: The Linear Model of Innovation. The Historical Construction of an Analytical Framework, in: Science, Technology, & Human Values 31/6 (2006), S. 639–667.

[31] Vannevar Bush: Science – The Endless Frontier. A Report to the President by Vannevar Bush, Director of the Office of Scientific Research and Development, July 1945, Washington, D. C. 1945.

[32] John Krige: American Hegemony and the Postwar Reconstruction of Science in Europe, Cambridge, Mass. 2006.

[33] Sheila Slaughter: Beyond Basic Science: Research University Presidents' Narratives of Science Policy, in: Science, Technology, & Human Values 18/3 (1993), S. 278–302; Philip Mirowski, Esther-Mirjam Sent: The Commercialization of Science and the Response of STS, in: Edward J. Hackett u. a. (Hg.): The Handbook of Science and Technology Studies, 3. Auflage, Cambridge, London 2008, S. 635–689, hier S. 655 ff.

Nützlichkeit" kommuniziert werden. Dass sich daraus ein Spannungsverhältnis zur Autonomie wissenschaftlicher Erkenntnisprozesse und damit zur Wissenschaftsfreiheit ergeben kann, liegt auf der Hand. Ebenso deutlich geworden ist aber auch der Umstand, dass die Wissenschaft schon sehr früh begonnen hat, sich auf diese Form öffentlicher Erwartungen einzustellen, indem sie einerseits entsprechende institutionelle Strukturen ausbildete – seien dies die höheren Fakultäten der Universitäten oder die von den Universitäten unabhängigen Akademien und Technischen Hochschulen – und indem sie andererseits mittels Legitimitätsdiskursen den intrinsischen Zusammenhang von Grundlagenforschung und technischer Innovation zu plausibilisieren versuchte. Vor diesem Hintergrund muss nun aber betont werden, dass die Rolle der Öffentlichkeit nicht in ihrer Adressierung als „Praxis" aufgeht, sondern darüber hinaus auch eine eminent politische Dimension hat.

3. Die Öffentlichkeit als politischer Souverän

Die bisherigen Überlegungen haben gezeigt, dass das Verhältnis von Wissenschaft und Öffentlichkeit durch Leistungserwartungen und durch eine hohe Wertschätzung praxisrelevanter Forschung geprägt ist. Es wäre aber ein sehr verkürztes Bild, wenn man die Öffentlichkeit auf diese Rolle reduzieren würde, denn damit geriete die fundamentale Tatsache aus dem Blick, dass die Wissenschaft selbst zuallererst auf Leistungen von Seiten der Öffentlichkeit angewiesen ist. In modernen Demokratien gilt eine freie Wissenschaft als wichtiger Wert und hat als solcher Verfassungsrang.[34] Im deutschen Grundgesetz wird die Wissenschaftsfreiheit (Art. 5 Abs. 3) entsprechend im selben Artikel garantiert wie die Meinungsfreiheit (Art. 5 Abs. 1) und dahingehend ausgelegt, dass es die objektive Pflicht des Staates sei, „funktionsfähige Institutionen für einen freien Wissenschaftsbetrieb" zur Verfügung zu stellen.[35] Aus dieser Per-

---

[34] Siehe hierzu auch Torsten Wilholt, Hans Glimell: Conditions of Science. The Three-Way Tension of Freedom, Accountability and Utility, in: Martin Carrier, Alfred Nordmann (Hg.): Science in the Context of Application, Dordrecht u. a. 2011, S. 351–370, hier S. 353 f., die dieses demokratietheoretische Argument als eines der zentralen wissenschaftspolitischen Argumente der Nachkriegszeit rekonstruieren.

[35] Max Emanuel Geis: Das Selbstbestimmungsrecht der Universitäten, in: Forschung & Lehre 5 (2003), S. 242–245, hier S. 244.

spektive erscheint die Öffentlichkeit also nicht als Leistungsempfänger, sondern als Garant für eine unabhängige Wissenschaft.

Tatsächlich ist die Wissenschaft im Hinblick auf die Bereitstellung materieller Ressourcen und die hoheitliche Sicherstellung ihrer Autonomie immer schon von den Herrschenden abhängig gewesen. Die Art dieser Abhängigkeit ist von Anfang an eine besondere und kann als „mäzenatische Förderung“ charakterisiert werden.[36] Im Normalfall geht es dabei um eine spezifische Kopplung von Wissenschaft und Politik, in welcher die Alimentierung unabhängiger, freier Ausübung der Wissenschaft im Austausch gegen die Verpflichtung gesichert wird, dass wissenschaftliche Erkenntnisse der Öffentlichkeit zugutekommen. Diese politische Ermöglichung des wissenschaftlichen Erkenntnisprozesses ist nicht an die unmittelbare Erwartung praktischer Nützlichkeit geknüpft – denn sonst hätte sich von Anfang an nur ein Teil der Wissenschaft politischer Unterstützung erfreuen können –, sondern zielt wesentlich auf die Freistellung des wissenschaftlichen Erkenntnisinteresses von einem unmittelbaren Handlungsdruck. Die vage Aussicht auf zukünftig „verwertbares“ Wissen mag hier mitlaufen, spielt in der Beziehung zwischen dem Mäzen und dem Wissenschaftler aber nur eine Nebenrolle.

Die Wurzeln dieser Beziehung zwischen Wissenschaft und Politik reichen weit zurück. Illustrativ hierfür ist die „Authentica habita“ von 1155/58, mit der Kaiser Friedrich Barbarossa die Scholaren an der Universität Bologna unter seinen besonderen Schutz genommen hatte, „weil sie aus Liebe zur Wissenschaft (*amore scientiae facti exules*) heimatlos geworden seien, auf Reichtümer verzichteten, sich allen Gefahren aussetzten und von den anderen ungerecht angegriffen würden“.[37] Es ist oben schon darauf hingewiesen worden, dass das Motiv der Siche-

---

[36] Vgl. Peter Münte: Die Autonomisierung der Erfahrungswissenschaften im Kontext frühneuzeitlicher Herrschaft. Fallrekonstruktive Analysen zur Gründung der Royal Society, Band 1: Theoretische Einbettung und modellbildende Analysen, Frankfurt a. M. 2004, S. 88 und S. 105 f.; ders.: Strukturelle Motive der Beziehung von Wissenschaft und Herrschaft. Zur wissenschaftssoziologischen Bedeutung der Analyse von Widmungsbriefen am Beispiel der Widmung an Leopold de' Medici in Christiaan Huygens' Systema Saturnium, in: Ulrich Oevermann, Johannes Süßmann, Christine Tauber (Hg.): Die Kunst der Mächtigen und die Macht der Kunst, Berlin 2007, S. 151–177.

[37] Helmut Schelsky: Einsamkeit und Freiheit (wie Anm. 10), S. 16. Zu den Hochschulträgern im Mittelalter siehe auch Paolo Nardi: Die Hochschulträger, in: Walter Rüegg (Hg.): Geschichte der Universität in Europa, Band I (wie Anm. 25), S. 83–108.

rung autonomen wissenschaftlichen Handelns schon bei den ersten Universitätsgründungen eine Rolle spielte. Die Frage, wie wichtig es im Einzelfall war, kann an dieser Stelle nicht weiter untersucht werden. Die Gefahr einer idealistischen Geschichtsdeutung liegt hier auf der Hand, und entsprechend müssten bei einer sorgfältigen Darstellung die sehr verschiedenen Motive der Mäzene vorsichtig gegeneinander abgewogen werden. Bei den im Geist der Aufklärung gegründeten Universitäten des 18. Jahrhunderts etwa wird deutlich, dass die Förderung der Wissenschaft vielfältige Gründe haben kann. Typischerweise ging es um die Schaffung von Ausbildungsplätzen für Theologen und Staatsdiener, um ökonomische Überlegungen zur Praxisrelevanz der Wissenschaft, darüber hinaus aber immer auch um die fürstliche Selbstdarstellung und um aufgeklärte Toleranz.[38]

Eine bis heute einflussreiche diskursive Rahmung erfährt das Verhältnis von politischem Souverän und Wissenschaft in der deutschen Idee der Universität. Der Name Wilhelm von Humboldts ist zur Chiffre dieser Konzeption geworden, tatsächlich ist sie aber Resultat eines vom deutschen Idealismus und von der Bildungsphilosophie des Neuhumanismus gerahmten Diskurses, an dem unter anderem die Philosophen Fichte, Schleiermacher, Schelling und Steffens beteiligt waren.[39] Der Staat, so der Tenor dieser Vordenker, trägt die Institution der Universität und garantiert zugleich die akademische Freiheit der an den Universitäten Forschenden und Lehrenden. Diese Freiheit, so kommentiert Hermann Röhrs den Grundgedanken, sei jedoch „kein Freibrief für ein privilegiertes Leben ohne gesellschaftliche Kontrolle und Verpflichtung", sondern diene allein der „Sicherung der Voraussetzungen für ein der Wissenschaft gewidmetes Leben". Letztlich schließe der akademische Status dann auch die Verpflichtung ein, „das relative Freisein umso strikter zum Wohle der Gesellschaft zu nutzen".[40] Wesentlich für dieses Argument ist auch der Gedanke, dass die Universität ihre Mitglieder auf eine Bildungsreise schickt und damit „wahrhaft

---

38 Horst Möller: Vernunft und Kritik. Deutsche Aufklärung im 17. und 18. Jahrhundert, Frankfurt a. M. 1986, S. 238 f.

39 Die Grundschriften dieser Autoren finden sich in Ernst Anrich (Hg.): Die Idee der deutschen Universität. Die fünf Grundschriften aus der Zeit ihrer Neubegründung durch klassischen Idealismus und romantischen Realismus, Darmstadt 1956.

40 Hermann Röhrs: Der Einfluß der klassischen deutschen Universitätsidee auf die Higher Education in Amerika, Weinheim 1995, S. 25.

sittliche" Führungspersönlichkeiten heranzieht, wovon dann am Ende wiederum der Staat profitiert. Bei Fichte wird dieser Bildungsgedanke in Auseinandersetzung mit Kant und Rousseau dahingehend zugespitzt, dass der Gelehrte in weltbürgerlicher Absicht zum „Erzieher der Menschheit" wird, so dass es am Ende um nichts weniger geht als um die „Selbstaufhebung des Staates durch Versittlichung des Menschen".[41]

Der historische Exkurs zur mäzenatischen Förderung von Universitäten dürfte deutlich gemacht haben, dass das Verhältnis von Wissenschaft und Öffentlichkeit nicht auf das Verhältnis von Wissenschaft und Praxis reduziert werden darf, sondern dass es immer auch um die genuin politische Idee des Gemeinwohls geht. Nun wird das Gemeinwohl in aktuellen Diskursen häufig mit ökonomischem Erfolg gleichgesetzt – man denke etwa an den Wahlspruch: „Sozial ist, was Arbeitsplätze schafft" –, doch diese Vorstellung greift offensichtlich zu kurz. Es lohnt sich deshalb kurz darauf einzugehen, wie dieses Thema in der neueren Wissenschaftsforschung verhandelt wird. In einem viel beachteten Text stellt Michel Callon die Frage „Is Science a Public Good?" und erläutert, dass diese Frage zwar von vielen Ökonomen bejaht werde, dass deren Argumente einer näheren Prüfung aber nicht standhielten. Wissenschaftliches Wissen, so Callon, könne nicht als Kollektivgut im Sinne der Wirtschaftswissenschaften begriffen werden, weil es sich nicht von den sozialen und technischen Netzwerken isolieren lasse, in die es eingebettet sei. Dazu komme, dass die Eigenlogik des Marktes und das Prinzip der Pfadabhängigkeit die Vielfalt theoretisch möglicher Entwicklungen reduziere, so dass am Ende weniger Produkte angeboten würden, als wünschenswert sei.[42] Als Konsequenz schlägt Callon vor, die Idee des Gemeinwohls nicht den Ökonomen zu überlassen, sondern in einer normativen Wissenschaftskonzeption zu verankern. Der Öffentlichkeit sei nämlich vor allem dann gedient, wenn wissenschaftliche Forschung so organisiert werde, dass sie – gegen den Markt – eine möglichst große Vielfalt von Ideen und Produkten entwickle und zur Verwirklichung bringe.[43]

Der Zusammenhang von demokratischer Öffentlichkeit und Wissenschaftspolitik ist in der jüngeren Vergangenheit auch von Wissenschaftsphilosophen diskutiert worden. Einflussreich ist hier unter anderem Phi-

---

41 Ebd., S. 30 f.

42 Michel Callon: Is Science a Public Good? Fifth Mullins Lecture, Virginia Polytechnic Institute, 23 March 1993, in: Science, Technology, & Human Values 19/4 (1994), S. 395–424, hier S. 410.

43 Ebd., S. 416.

lip Kitcher, der in seinem Buch „Science, Truth, and Democracy" den Fragen nachgeht, ob und wie man die Wissenschaft normativ auf das Gemeinwohl verpflichten könne und welche Konsequenzen das für die Autonomie der Wissenschaft habe.[44] In der Wissenschaft, so Kitcher, sei es immer schon nicht um bloße Wahrheit um der Wahrheit willen gegangen, sondern um „significant truths".[45] Was aber heißt hier signifikant? Kitcher betont, dass weder praktische noch epistemische Ziele allein als Maßstab gelten könnten, vielmehr sei die Beurteilung der Relevanz von Forschungsprojekten sowohl von einer Vielzahl historisch gewachsener epistemischer Kriterien als auch von moralischen, sozialen und politischen Werten abhängig. Anders als Callon, der die Wissenschaft auf eine maximale Vielfalt verpflichten will, ist Kitcher bereit, die Wissenschaftsfreiheit zumindest bei der Themensetzung einzuschränken, und zwar zugunsten einer demokratisch legitimierten Forschungsagenda, die den Bedürfnissen der jeweiligen Gesellschaft zur jeweils gegebenen Zeit gerecht wird.[46] Konkret schlägt Kitcher das Ideal einer „well-ordered science" vor, deren Zielsetzungen von den verschiedenen Akteuren und Gruppen einer Gesellschaft deliberativ erarbeitet werden.[47] Das oben skizzierte Modell mäzenatischer Förderung ist damit stark modifiziert, wenn nicht sogar aufgegeben, zugunsten einer unmittelbareren gesellschaftlichen Verantwortung. Es wäre aber ein Missverständnis, dies so zu interpretieren, als wolle Kitcher die Wissenschaft auf Praxisrelevanz hin programmieren; vielmehr möchte er vermeiden, dass die Forschungsagenda letztlich von den Reichen und Mächtigen definiert wird.

Zusammenfassend kann die als politischer Souverän auftretende Öffentlichkeit definiert werden als außerwissenschaftlicher Kreis von Hörern und Sprechern, der mit Macht ausgestattet ist und die Förderung der Wissenschaft mit bestimmten, historisch wandelbaren Konzeptionen von Legitimation verbindet. Eine Schwierigkeit besteht nun darin, dass die beiden hier vorgestellten Dimensionen der Öffentlichkeit – ihre Rolle als Leistungsempfänger („Praxis") einerseits und als politischer Souverän („Mäzen") andererseits – empirisch oft ungeschieden sind. Die

---

[44] Philip Kitcher: Science, Truth, and Democracy (wie Anm. 8).

[45] Ebd., S. 65.

[46] Helen E. Longino: The Fate of Knowledge, Princeton 2002, S. 567 f., macht auf das Problem aufmerksam, dass Kitchers Referenz einzelne (nationale) Gesellschaften sind und dass damit offenbleibt, ob und wie seine Ideen in einer globalisierten Wissenschaft umgesetzt werden können.

[47] Philip Kitcher: Science, Truth, and Democracy (wie Anm. 8), S. 117 ff.

analytische Trennung erscheint uns aber sinnvoll und zwingend, weil sie die unterschiedlichen Referenzen verdeutlicht, die mit den beiden Kommunikationsformen verbunden sind: Zum einen die primär ökonomische Nützlichkeit, zum anderen die demokratietheoretisch motivierte institutionelle Garantie einer als Institution des Gemeinwohls verstandenen Wissenschaft.

4. Das Verhältnis von Wissenschaft und demokratischer Öffentlichkeit

Wenn heute von öffentlichen Erwartungen und Befürchtungen im Hinblick auf die Wissenschaftsfreiheit die Rede ist, dann ist damit unseres Erachtens primär das Verhältnis von Wissenschaft und demokratischer Öffentlichkeit gemeint. Im Folgenden soll deshalb diskutiert werden, wodurch die Beziehung zwischen beiden Bereichen gekennzeichnet ist. Wir greifen zum Zwecke der Analyse auf die eingangs eingeführten Begrifflichkeiten zurück und unterscheiden vier Fälle, die sich im Hinblick auf öffentliches Kommunizieren darin unterscheiden, ob die Wissenschaft oder die außerwissenschaftliche demokratische Öffentlichkeit jeweils die Rolle des Hörenden oder des Sprechenden einnehmen. Im Folgenden soll das Spezifische der mit jedem dieser vier Fälle einhergehenden Kommunikationssituation erläutert werden.

	Hörer	*Sprecher*
Demokratische Öffentlichkeit	(1) Wie nimmt die demokratische Öffentlichkeit die Wissenschaft wahr? (a) vermittelt durch die Medien (b) Meinungsforschung	(4) Wie spricht die demokratische Öffentlichkeit zur Wissenschaft? (a) Partizipation (b) Ethisierung
Wissenschaft	(2) Wie nimmt die Wissenschaft die demokratische Öffentlichkeit wahr? (a) in der Rolle von Laien (b) als politischen Souverän (c) als Leistungsempfänger	(3) Wie spricht die Wissenschaft zur demokratischen Öffentlichkeit? (a) in der Rolle von Experten (b) als Vertreter des Gemeinwohls (c) als Leistungsträger

(1) Die erste Frage ist, wie die demokratische Öffentlichkeit die Wissenschaft wahrnimmt. Damit sind im Wesentlichen zwei große Bereiche angesprochen, nämlich die Medien als Forum der öffentlichen Meinungs-

bildung und die Meinungsforschung als – vor allem politisch relevantes – Instrument der Beobachtung öffentlicher Meinungsbildung. Für einen umfassenden Überblick über den Stand der Literatur ist hier nicht der Platz, wohl aber für eine kurze und beispielhafte Darstellung der beiden Bereiche.

Die Wahrnehmung der Wissenschaft durch die breite Öffentlichkeit ist im Normalfall über die Massenmedien vermittelt und entsprechend durch die Logik medialer Kommunikation geprägt.[48] Die Themen und Ergebnisse der „Normalwissenschaft" geraten nur selten in den Fokus der Berichterstattung und Kommentierung. Wenn die Wissenschaft doch zum Gegenstand medialer Aufmerksamkeit wird, dann am ehesten in Gestalt spektakulärer Projekte der Technik-, Natur- und Lebenswissenschaften. Die Sozialwissenschaften können zumindest gewisse Nischen besetzen, die Ökonomie etwa ist gefragt, wenn es darum geht, aktuelle wirtschaftliche und politische Entwicklungen zu kommentieren, und die Soziologie findet durch die Demoskopie regelmäßig Eingang in die Medienberichterstattung. Die Sozial- und Kulturwissenschaften beeinflussen außerdem auf eher subtile Weise das Feuilleton, insbesondere mit Hilfe des medienaffinen Genres von Zeitdiagnosen.[49] Das Stichwort der „Risikogesellschaft" als eines fachwissenschaftlich eher umstrittenen Topos, der jedoch außerordentlich breitenwirksam geworden ist, mag dafür als Beispiel stehen. Auffallend ist weiter, dass die mediale Bewertung einzelner Wissenschaften in umgekehrtem Verhältnis zur Häufigkeit der Berichterstattung steht: „Mediale Aufmerksamkeit bedeutet nicht mediale Zustimmung – oft sogar das Gegenteil".[50] Insgesamt kann man aber dennoch festhalten, dass die Medien der Wissenschaft ein generalisiertes Vertrauen entgegenbringen, was sich unter anderem daran zeigt, dass sie sich gerne auf wissenschaftliche Stimmen berufen, wenn diese eine ohnehin im betreffenden Medium vertretene Position unterstützen. Experten werden somit als „opportune Zeugen" in Anspruch genommen.[51] Angesichts dieser unterstützenden Funktion wissenschaftlicher Expertise für medi-

---

48 Friedhelm Neidhardt: Wissenschaft als öffentliche Angelegenheit (wie Anm. 3); Peter Weingart: Die Wissenschaft der Öffentlichkeit (wie Anm. 7).

49 Fran Osrecki: Die Diagnosegesellschaft. Zeitdiagnostik zwischen Soziologie und medialer Popularität, Bielefeld 2011.

50 Friedhelm Neidhardt: Wissenschaft als öffentliche Angelegenheit (wie Anm. 3), S. 13.

51 Ebd., S. 16 ff.

al vorgegebene inhaltliche Positionen erstaunt es nicht, dass umgekehrt die für wissenschaftliche Kommunikation konstitutive Vielstimmigkeit der Experten, deren Streit um ungeklärte Fragen, die Zukunftsoffenheit und Revidierbarkeit wissenschaftlichen Wissens sowie der methodische Fallibilismus der wissenschaftlichen Argumentation den Medien Anlass zu Kritik geben. Denn die konstitutiven Parameter der Wissenschaft liegen gewissermaßen quer zum medialen Interesse an wissenschaftlicher Bestätigung. Etwas anders gelagert ist das Verhältnis, wenn die Wissenschaft selbst zum möglichen Gegenstand medialer Skandalisierung wird, insbesondere bei spektakulären Fällen von wissenschaftlichem Fehlverhalten.[52]

Neben den Massenmedien stellt die Meinungsforschung ein öffentliches Bild der Wissenschaft zur Verfügung. Illustrativ hierfür ist das im Auftrag der Europäischen Kommission entwickelte „Eurobarometer", das regelmäßig repräsentative Erhebungen in allen EU-Staaten zu unterschiedlichen Themen durchführt. Dazu gehören in längeren Abständen auch Umfragen zur Wahrnehmung von Wissenschaft und Technik durch die Bevölkerung. Die letzte Umfrage dieser Art ist 2010 durchgeführt und veröffentlicht worden.[53] Vor dem Hintergrund der kurz zuvor durchgeführten Revision der Lissabon-Agenda diente die Erhebung unter anderem dem Zweck, die Veränderungen der Einstellungen gegenüber der von der Europäischen Kommission als wesentliche Triebkraft einer Wissensgesellschaft und als bedeutsamer Standortfaktor im globalen Wettbewerb angesehenen Wissenschaft und Technik zu erheben. Die Untersuchung konzentrierte sich auf das Interesse und den Informationsstand der Bevölkerung, auf Deutungen und Einstellungen sowie auf Erwartungen gegenüber Wissenschaftlern und deren gesellschaftlicher Verantwortung. Für die Fragestellung des vorliegenden Textes sind die Ergebnisse vor allem deshalb interessant, weil sie trotz eines praxisorientierten und vor allem an der ökonomischen Relevanz von Wissenschaftspolitik orientierten Interesses der politischen Auftraggeber durchaus aussagekräftige Ergebnisse im Hinblick auf das Verhältnis von demokratischer Öffentlichkeit und Wissenschaft zu Tage gefördert haben.

---

52 Martina Franzen, Simone Rödder, Peter Weingart: Fraud. Causes and Culprits as Perceived by Science and the Media, in: EMBO reports 8/1 (2007), S. 3–7.

53 European Commission (Hg.): Science and Technology – Report (Special Eurobarometer 340/Wave 73.1 – TNS Opinion & Social Network), Eurobarometer, 2010.

Das Eurobarometer zeigt, dass die Öffentlichkeit insgesamt ein breites Vertrauen in die Leistungsfähigkeit von Wissenschaft hat. So stimmen etwa zwei Drittel der Befragten der Aussage zu, Wissenschaft und Technik machten unser Leben insgesamt gesünder, leichter und bequemer („Science and technology make our lives healthier, easier and more comfortable“[54]). Die Einschätzungen unterscheiden sich dabei nicht wesentlich von Land zu Land. Darüber hinaus wird die Erwartung geäußert, dass das individuelle Leben durch Wissenschaft und Technik an Qualität gewinnen, insbesondere interessanter werden könne („The application of science and new technologies will make people's work more interesting“[55]) und dass sich für zukünftige Generationen durch Wissenschaft und Technik mehr Chancen ergäben („Thanks to science and technology, there will be more opportunities for future generations“[56]). Allerdings zeigt der Vergleich mit dem Eurobarometer von 2005, dass die Zustimmungsraten abgenommen haben. Auch wird die grundsätzlich positive Einschätzung nicht undifferenziert abgegeben: Nur eine Minderheit stimmt der Behauptung zu, Wissenschaft könne alle Probleme lösen („Science and technology can sort out any problem“[57]), und eine Mehrheit der Bevölkerung schreibt der Wissenschaft auch ein grundsätzliches Gefährdungspotential zu („Because of their knowledge, scientists have a power that makes them dangerous“[58]). Der Vorschlag, Wissenschaft solle in keiner Weise in dem, was sie tut, begrenzt werden („Science should have no limits to what it is able to investigate“[59]) stößt entsprechend auf Skepsis. Risikovorsorge und eine Kosten-Nutzen-Abwägung mit Blick auf die Wissenschaft werden durchaus als öffentliche Angelegenheit betrachtet („If a new technology poses risks that are uncertain and not yet fully understood, the development of this technology should be stopped even if benefits are expected“[60]). Vor dem Hintergrund dieser insgesamt sehr differenzierten Haltung gegenüber Wissenschaft und Technik sticht die überwältigende Zustimmung ins Auge, die der grundsätzlichen und vorbehaltlosen Unterstützung wissenschaftlicher Forschung als öffentlicher Aufgabe entgegengebracht wird („Even if it brings no

---

54 Ebd., S. 31.
55 Ebd., S. 56.
56 Ebd., S. 58.
57 Ebd., S. 40.
58 Ebd., S. 43.
59 Ebd., S. 78.
60 Ebd., S. 80.

immediate benefits, scientific research which adds to knowledge should be supported by Government"[61]). Interessant ist dieses Ergebnis, weil in ihm trotz der ansonsten stark von Verwertungsinteressen geprägten öffentlichen Meinung der oben skizzierte Vertrag zwischen politischem Souverän und autonomer Wissenschaft deutlich zum Ausdruck kommt. Die Wertschätzung wissenschaftlicher Forschung durch die Öffentlichkeit beschränkt sich also nicht auf deren Leistungen für die Praxis, sondern gilt auch dem Erkenntnisgewinn als solchem. Allerdings zeigt sich auch hier gegenüber der Umfrage von 2005 eine leichte Abnahme: Damals stimmten 76% der Europäer einer unbedingten Förderung der Wissenschaften zu, 2010 waren es nur noch 72%. Zusammenfassend lässt sich festhalten, dass in der Öffentlichkeit durchaus ein differenziertes Bild der Wissenschaft kommuniziert wird. Risiken sollen begrenzt und reguliert werden, grundsätzlich erscheint die Wissenschaft aber als solche, d. h. unabhängig von ihrem unmittelbaren Nutzen, unterstützenswert. Wissenschaftsfreiheit hat, so kann man vermuten, einen zwar tendenziell abnehmenden, aber dennoch erkennbaren Stellenwert in der öffentlichen Meinung.

(2) Der zweite Aspekt des oben entwickelten Schemas gilt der Frage, wie die Wissenschaft ihrerseits die demokratische Öffentlichkeit wahrnimmt und welche Implikationen dies für ihr Selbstverständnis hat. Hier können idealtypisch drei kommunikative Rahmungen unterschieden werden. Als erstes drängt sich das Rollenmodell auf, demzufolge die Wissenschaftler als Experten die Öffentlichkeit in der Gestalt von Laien wahrnehmen. Zweitens kann die Öffentlichkeit, wie oben erläutert, von der Wissenschaft als politischer Souverän betrachtet werden, d. h. als eine Instanz, die mittels Gesetzgebung, Förderprogrammen usw. Einfluss auf das Agenda-Setting nimmt. Drittens, auch das wurde oben schon erläutert, kann die Öffentlichkeit als „Praxis" beobachtet werden, d. h. als eine Umwelt, die bestimmte Leistungen erwartet. Die folgenden Überlegungen konzentrieren sich auf die Unterscheidung von Experten und Laien, die zwei weiteren Punkte werden unten wieder aufgegriffen, wenn es darum geht, wie sich die Wissenschaft in der Rolle des Sprechers an die entsprechend gerahmte Umwelt richtet.

Es ist eine kaum vermeidbare „déformation professionelle" von Experten, dass ihnen in ihrem Selbstverständnis die Rolle derer zukommt, die die Problemlagen erkannt haben und nun Lösungsstrategien umzusetzen suchen. Dagegen treten die Laien naturgemäß als der Teil der Be-

[61] Ebd., S. 70.

völkerung auf, der von der Umsetzung betroffen wäre. Es geht hier also um das Problem, auf welche Weise die Experten die Laien einbeziehen sollen, um ihre Zustimmung für bestimmte Projekte zu gewinnen. Zu dieser Frage hat ein Forschungsteam um Helga Nowotny verschiedene Fallstudien durchgeführt, in denen untersucht wurde, wie das Konzept des „Laien" je nach Kontext unterschiedlich gerahmt wird.[62] Die sozialkonstruktivistische These der Autoren lautet, dass die Experten es im Wesentlichen mit „imaginierten Laien" zu tun haben, d. h. mit einem notwendigen und funktionalen Konstrukt. Mit anderen Worten: Die Laien „an sich" kommen in der Wissenschaft nicht vor, vielmehr entwirft die Wissenschaft ein Bild ihrer gesellschaftlichen Umwelt und kommuniziert fortan mit diesem selbst erzeugten Gegenüber. Damit ist nicht gesagt, dass diese Kommunikation sinnlos wäre, denn ein „imaginierter Dialog verliert [...] nicht an realer Bedeutung, nur weil er imaginiert ist; er kann im Gegenteil sehr wichtige soziale Funktionen erfüllen".[63] Die Asymmetrie zwischen Experten und Laien entsteht also nicht zuletzt deshalb, weil es oft den Experten überlassen ist, ob und in welcher Form sie die Laien in ihre Arbeit einbinden wollen. In der neueren Wissenschaftsforschung wurde deshalb vorgeschlagen, zwischen qualitativ verschiedenen Typen von Experten zu unterscheiden anstatt zwischen „expertise" und „lay expertise".[64] Die partizipative Einbindung solcher zusätzlicher „communities of experts"[65] ist aber, wie unten noch zu zeigen sein wird, ein bislang nicht befriedigend gelöstes Problem.

(3) Die dritte Frage zielt darauf, wie die Wissenschaft sich selbst der Öffentlichkeit präsentiert. Auch hier drängt sich zunächst die Unterscheidung von Experten und Laien auf. Diesmal geht es jedoch nicht darum, ob und wie das Wissen der Laien in wissenschaftlichen Kontexten zur Geltung kommt, sondern umgekehrt darum, wie den Laien das wissenschaftliche Denken und Wissen vermittelt werden könnte. Seit den 1980er Jahren finden sich unzählige Initiativen, die sich die Kommunikation zwischen Wissenschaft und Öffentlichkeit

---

62 Priska Gisler u. a.: Imaginierte Laien. Die Macht der Vorstellung in wissenschaftlichen Expertisen, Weilerswist 2004.

63 Helga Nowotny: Der imaginierte Dialog zwischen Wissenschaft und Öffentlichkeit. Von imaginierten Laien zur sozialen Robustheit des Wissens, in: Priska Gisler u. a.: Imaginierte Laien (wie Anm. 62), S. 171–195, hier S. 185.

64 Harry M. Collins, Robert Evans: The Third Wave of Science Studies, in: Social Studies of Science 32 (2002), S. 235–296, hier S. 238.

65 Ebd., S. 270.

auf die Fahnen geschrieben haben und die zunächst unter dem Label „public understanding of science" (PUS) firmierten.[66] Dieses Konzept ging in der Anfangsphase allerdings mit einer problematischen Haltung gegenüber der Öffentlichkeit einher, die schon früh als „deficit model" kritisiert wurde.[67] Diesem Modell zufolge sind die Laien tendenziell wissenschaftsfeindlich, und zwar weil sie zu wenig über die Wissenschaft wissen („scientific illiteracy"). Wenn es nun gelänge, so die Annahme, ihnen mehr über die Wissenschaft beizubringen, dann würde sich auch ihre negative Einstellung ändern. Diese Hypothese beruhte auf der Annahme eines positiven Zusammenhangs zwischen individuellem Wissen und persönlicher Einstellung gegenüber der Wissenschaft; ebendiese Prämisse aber wurde durch die Befunde empirischer Forschung in Frage gestellt.[68] So scheint ein höheres Maß an Information, aber auch ein höherer Bildungsstand, die Skepsis gegenüber wissenschaftlich-technischen Innovationen eher zu erhöhen. Im Übrigen sind die Einstellungen gegenüber der Forschung bereichsspezifisch stark differenziert und keineswegs generell wissenschaftsfeindlich; beispielsweise bringt man der medizinischen Gentechnik sehr viel mehr Wohlwollen entgegen als der sogenannten „grünen" Gentechnik.

Wegen der problematischen Prämissen der frühen „public understanding of science"-Ansätze spricht man heute eher von „science communication" oder von „public communication of science and technology".[69] Diese semantischen Verschiebungen zeigen, dass nicht mehr auf bloße Vermittlung von Wissen, sondern auf einen Dialog zwischen Wissenschaft und Öffentlichkeit gesetzt wird. So haben sich in Deutschland in den letzten Jahren vielfältige Kommunikationsformate etabliert,

---

66 Siehe dazu nur die seit 1992 erscheinende Zeitschrift „Public understanding of science – an international journal of research in the public dimensions of science and technology". Für eine rückblickende Beurteilung der auf diesem Gebiet entstandenen Forschung siehe Martin W. Bauer, Nick Allum, Steve Miller: What can we learn from 25 years of PUS survey research? Liberating and expanding the agenda, in: Public Understanding of Science 16 (2007), S. 79–95.

67 Brian Wynne: Knowledges in Context, in: Science, Technology, & Human Values 16/1 (1991), S. 111–121, hier S. 113; John Ziman: Public Understanding of Science, in: ebd., S. 99–105, hier S. 101.

68 Martin W. Bauer, Nick Allum, Steve Miller: What can we learn from 25 years of PUS survey research? (wie Anm. 66), S. 82 ff.

69 Massimiano Bucchi, Brian Trench (Hg.): Handbook of Public Communication of Science and Technology (wie Anm. 4).

mit denen Universitäten sich an ein außerwissenschaftliches Publikum wenden.[70] Dazu zählen beispielsweise Veranstaltungen wie eine „Lange Nacht der Wissenschaften", Kinder-Unis und Schülerlabore, teils in Kooperation mit Schulen, weiter praxisorientierte Studiengänge sowie Kurse zu Wissenschaftskommunikation, Wissenschaftsjournalismus und Wissenschaftsmarketing. Seit 2000 richtet das BMBF in Zusammenarbeit mit der von fast allen wichtigen Wissenschaftsorganisationen getragenen Initiative „Wissenschaft im Dialog" jährlich sogenannte „Wissenschaftsjahre" aus, die jeweils eine Disziplin in den Mittelpunkt der öffentlichen Aufmerksamkeit rücken sollen. Parallel dazu finden „Wissenschaftssommer" statt, das sind einwöchige Festivals in ausgewählten Städten, die dem Zweck dienen, die Öffentlichkeit neugierig zu machen („Wo Forschung zum Erlebnis wird"). Eine ähnliche Funktion kommt dem vom Stifterverband ausgerufenen Wettbewerb „Stadt der Wissenschaft" zu. Auch auf europäischer Ebene gibt es entsprechende Bemühungen; so wurde 1997 die Organisation „Euroscience" ins Leben gerufen, um einen europaweiten Dialog zu fördern.

Das alles sind wichtige Aktivitäten, wenn es um die Adressierung der Öffentlichkeit seitens der Wissenschaft geht, allerdings bleiben auch sie letztlich der Unterscheidung von Experten und Laien verhaftet. Denn die demokratische Öffentlichkeit ist, wie wir oben anzudeuten versucht haben, anders strukturiert. Dieser Öffentlichkeit kommt es zwar auch auf Information über wissenschaftliche Aktivitäten an, sie agiert dabei aber nicht als Publikum, sondern als Legitimations- und Ressourcenquelle. Paradoxerweise scheinen dies jene Wissenschaftler zu ahnen, die durch eher unkonventionelle bis pathologische Formen der Wissenschaftskommunikation von sich reden machen. Man denke hier an die medial präsenten „Visible Scientists", die sich in ihrem Auftreten nicht mehr allein an die innerwissenschaftliche Öffentlichkeit der scientific community wenden, sondern die durch ihre Ausrichtung auf ein außerakademisches Publikum zusätzlich mediale Prominenz aufbauen,[71] aber auch an das durch tatsächlichen oder wahrgenommenen Zwang

---

[70] Anita Hermannstädter, Michael Sonnabend, Cornelia Weber (Hg.): Wissenschaft kommunizieren. Die Rolle der Universitäten, Dokumentation des Symposiums Wissenschaftskommunikation im öffentlichen Raum: Welche Rollen spielen die Universitäten?, 12. bis 13. April 2007, Berlin-Brandenburgische Akademie der Wissenschaften/Stifterverband für die deutsche Wissenschaft, Berlin 2007.

[71] Simone Rödder: Wahrhaft sichtbar (wie Anm. 7).

zu öffentlicher Präsenz induzierte Fehlverhalten von Wissenschaftlern wie im Fall des Stammzellforschers Woo Suk Hwang.[72] In solchen Fällen klingt eine durch die Massenmedien vermittelte Abhängigkeit der Wissenschaftler von der öffentlichen Meinung an, in der sich – wenngleich in verzerrter Form – auch die Abhängigkeit der Forscher gegenüber der Macht des politischen Souveräns spiegelt. Vor diesem Hintergrund ist es wichtig, an die idealtypische mäzenatische Beziehung zwischen demokratischer Öffentlichkeit und Wissenschaft zu erinnern, denn in ihr zeigt sich, dass die Öffentlichkeit nicht einfach ein Publikum ist, sondern eine wichtige Legitimationsquelle. Gegenüber dieser Quelle muss und kann die Wissenschaft den Anspruch begründen, als Institution des Gemeinwohls gefördert zu werden. Die damit einhergehende Wissenschaftsfreiheit bedeutet dann nicht zuletzt die Verpflichtung auf die oben beschriebenen Merton'schen Werte im Sinne eines von der Wissenschaft einzuhaltenden Minimalstandards. Mit anderen Worten: Wissenschaftliches Fehlverhalten kann nicht auf ein Fehlverhalten innerhalb der scientific community reduziert werden, sondern bedeutet auch einen Vertrauensbruch innerhalb der mäzenatischen Beziehung.

Interessanterweise wird der Anspruch, das Gemeinwohl zu vertreten, in den Legitimationsdiskursen der Wissenschaft nur selten erhoben. Viel gebräuchlicher ist es, die Öffentlichkeit als „Praxis" zu adressieren und damit als „Leistungsträger" zu einem „Leistungsempfänger" zu sprechen. In diesem Sinne präsentiert sich die Wissenschaft gerne als Quelle von technischen Innovationen und als wichtige Ressource im globalen Wettbewerb. Die entsprechenden Legitimationsdiskurse zielen nicht mehr primär auf die Beziehung zwischen demokratischem Souverän und freier Wissenschaft, sondern auf das ökonomisch verwertbare Wissen, das gegen entsprechende Bezahlung erarbeitet wird. An die Stelle einer Deliberation über die Wissenschaftsfreiheit treten Praxisdiskurse, in denen – um das oben vorgestellte Bild der „imaginierten Laien" aufzugreifen – die Wissenschaft die Öffentlichkeit als „imaginierte Praxis" anspricht und ihr eigenes Handeln an den Bedürfnissen dieser Praxis ausrichtet.

(4) Viertens schließlich geht es um die Frage, wie die demokratische Öffentlichkeit zur Wissenschaft spricht. In der Wissenschaftspolitik der vergangenen Jahre, das wurde oben am Fall der Lissabon-Agenda der EU schon erwähnt, scheint Wissenschaft zunehmend als „Standortfak-

[72] Martina Franzen, Simone Rödder, Peter Weingart: Fraud (wie Anm. 52).

tor" vorzukommen.[73] Es ist also keineswegs nur die Wissenschaft, die dazu tendiert, die Öffentlichkeit primär als Leistungsempfänger und nicht als politischen Souverän zu adressieren; auch die Öffentlichkeit selbst begreift sich oft vor allem in diesem Sinne. Viele wissenschaftspolitische Diskussionen scheinen die Beziehung zwischen Öffentlichkeit und Wissenschaft auf einen Vertrag zu reduzieren, nach welchem die Steuerzahler die Wissenschaft finanzieren und deshalb etwas Konkretes dafür zurückerhalten wollen. Mit anderen Worten: Die Öffentlichkeit definiert sich selbst vorrangig als „Praxis" und weniger als Souverän, der unabhängig vom unmittelbar erwartbaren volkswirtschaftlichen Nutzen über Wissenschaftsförderung und über die Garantie wissenschaftlicher Autonomie zu entscheiden hat. Im Folgenden sollen zwei Kommunikationsformate vorgestellt werden, die zumindest der Idee nach primär darauf zielen, dass die Öffentlichkeit die Position des demokratischen Souveräns übernimmt: Partizipation und Ethisierung der Wissenschaftspolitik.

Vor dem Hintergrund der oben skizzierten Bemühungen, die Distanz von Experten und Laien zu überbrücken, ist in den letzten fünfzehn bis zwanzig Jahren in zahllosen Studien gefordert worden, wissenschaftliche Expertise zu demokratisieren und Laien bzw. die demokratische Öffentlichkeit in den Prozess wissenschaftlicher Wissensproduktion einzubeziehen. Ein breites Repertoire an partizipativen Verfahren ist vor diesem Hintergrund entwickelt worden,[74] ohne dass dies bislang nachhaltige Wirkung im Verhältnis von demokratischer Öffentlichkeit und Wissenschaft hinterlassen hätte. Vielmehr werden in der empirischen Forschung zu solchen partizipativen Verfahren Fehlschläge und Frustration bei allen Beteiligten beobachtet.[75] Die Programmatik der angewendeten Verfahren bleibt trotz hohem Anspruch oft diffus; bisweilen ist die inhaltliche Substanz der Ergebnisse von Bürgerkonferenzen und

---

[73] Richard Münch: Akademischer Kapitalismus. Zur Politischen Ökonomie der Hochschulreform, Berlin 2011.

[74] Gabriele Abels, Alfons Bora: Demokratische Technikbewertung, Bielefeld 2004.

[75] Heiko Hausendorf, Alfons Bora (Hg.): Analysing Citizenship Talk. Social positioning in political and legal decision-making processes (Discourse Approaches to Politics, Society and Culture 19), Amsterdam, Philadelphia 2006; Alfons Bora, Heiko Hausendorf (Hg.): Democratic Transgressions of Law. Governing Technology through Public Participation (International Studies in Sociology and Social Anthropology, Vol. 112), Leiden, Boston 2010; Alexander Görsdorf: Das offene Gespräch und seine Grenzen, Baden-Baden 2011.

ähnlichen Projekten schwach und meist ist die demokratische Legitimation der Partizipationsverfahren eher problematisch. Alle diese Umstände stehen nicht nur in einem Spannungsverhältnis zur wissenschaftlichen Autonomie – dies wäre sub specie des politischen Souveräns an sich noch nicht problematisch –, sie scheinen darüber hinaus aber auch eine Tendenz zu entwickeln, die politische Legitimation wissenschaftspolitischen Entscheidens zu unterminieren. Im Ergebnis wirken sie jedenfalls oftmals gerade nicht legitimationsstärkend.[76] Es empfiehlt sich deshalb, den Einsatz solcher Instrumente in der öffentlichen Auseinandersetzung um Wissenschaft und Technik sehr genau abzuwägen.[77]

Einen weiteren Aspekt der Adressierung von Wissenschaft durch die demokratische Öffentlichkeit stellt die seit gut einem Jahrzehnt zu beobachtende „Ethisierung" der Wissenschaftspolitik dar. Vor dem Hintergrund einer als unzureichend empfundenen Beratung der Politik durch die Wissenschaft sowie einer gleichfalls wenig erfolgsträchtigen Laien-Partizipation verspricht die Beratung durch „Ethik" eine neue, integrative, ganzheitliche und unabhängige Herangehensweise. Das alles hatte man zwar auch schon von der Technikfolgenabschätzung seit den sechziger Jahren erwartet – und im Großen und Ganzen auch bekommen[78] –, spätestens seit Mitte der neunziger Jahre ist diesem einigermaßen gut etablierten Bereich jedoch durch Wissenschaftsethik (insbesondere „Bioethik") eine gewisse Konkurrenz erwachsen. Über die Erfolgsaussichten dieser Strategie kann man derzeit noch wenig sagen. Auffällig ist jedoch die wachsende Zahl nicht nur der wissenschaftlichen Einrichtungen, die sich mit dem Thema befassen, sondern auch der Politikberatungsgremien, zuletzt etwa die im März 2011 von der Bundesregierung eingesetzte Ethikkommission für eine sichere Energieversorgung.[79]

---

76 Alfons Bora, Peter Münte (Hg.): Mikrostrukturen der Governance, 2012.

77 Mit der Beschränkung der Aussage auf Wissenschaft und Technik ist ausdrücklich die anerkennende Würdigung partizipativer Verfahren auf dem Gebiet lokaler Planungsprozesse verbunden, wie sie etwa im Modell der Planungszelle konkrete Gestalt gewonnen hat (Peter C. Dienel: Die Planungszelle. Der Bürger baut seine Umwelt. Eine Alternative zur Establishment-Demokratie, 4., durchgesehene Auflage, Opladen 1997).

78 Armin Grunwald: Technikfolgenabschätzung – eine Einführung, Berlin 2002.

79 Zur Ethisierung der Politikberatung siehe Alexander Bogner: Die Ethisierung von Technikkonflikten. Studien zum Geltungswandel des Dissenses, Weilerswist 2011.

5. Zusammenfassung

Zusammenfassend kann festgehalten werden, dass das Verhältnis von Wissenschaft und Öffentlichkeit mehrere Dimensionen hat und dass es auch und gerade bezüglich der Frage nach der Bedeutung der Wissenschaftsfreiheit wichtig ist, diese Dimensionen analytisch auseinanderzuhalten. In diesem Sinne wurde oben als erstes dargelegt, dass und weshalb die innerwissenschaftliche Öffentlichkeit der scientific community für das Funktionieren wissenschaftlicher Kommunikation unerlässlich ist. Robert K. Merton hat mit seiner Beschreibung von vier für das Wissenschaftshandeln konstitutiven Normen die wesentlichen Prämissen dieser Form von Öffentlichkeit freizulegen versucht. Ausgehend von diesem „Ethos“ wird sichtbar, inwieweit die innerwissenschaftliche Öffentlichkeit durch ihre Ökonomisierung und Medialisierung Schaden nehmen kann.

Ausgehend vom Stichwort der „Praxis“ wurde zweitens gezeigt, dass sich außerwissenschaftliche Öffentlichkeiten durch eine Nachfrage nach spezifischen wissenschaftlichen Leistungen auszeichnen. Für die Wissenschaft bietet es sich an, diese von ihr erwartete praktische Nützlichkeit als eine Quelle öffentlicher Anerkennung und Legitimation anzusehen. Natürlich ist grundsätzlich nichts gegen diese Praxisrelevanz und gegen eine Dienstleistungsorientierung der Wissenschaft einzuwenden; es ist sogar in vielen Fällen sinnvoll, die Öffentlichkeit nicht nur als ein Publikum, sondern als eine Klientel der Wissenschaft zu betrachten. Allerdings erscheint es aus der Perspektive des mit der Idee der Wissenschaftsfreiheit einhergehenden normativen Standpunktes problematisch, die Öffentlichkeit auf diese Rolle zu reduzieren. Parallel zur Öffentlichkeit als „Praxis“ muss deshalb, so die dritte Überlegung des vorliegenden Textes, die Öffentlichkeit als „politischer Souverän“ betrachtet werden. In dieser Rolle kommt ihr die Aufgabe zu, die Wissenschaft als eine Institution des Gemeinwohls zu fördern und zu diesem Zweck die wissenschaftliche Autonomie „um ihrer selbst willen“ zu garantieren. Während dies für Max Weber noch selbstverständlich war, kann man heute skeptisch sein, ob und inwieweit die demokratische Öffentlichkeit an diesem Postulat auch in Zukunft festhalten wird.

Demokratische Öffentlichkeit und Wissenschaft stehen also in einer mehrfach spannungsreichen Beziehung. Aus der Sicht der Wissenschaft wird die demokratische Öffentlichkeit oft nicht als politischer Souverän wahrgenommen, sondern auf ein Laienpublikum oder auf einen Leistungsempfänger reduziert. Umgekehrt ist die Wissenschaft aus der Sicht der Öffentlichkeit einerseits oft nur ein marginales Thema, demgegenüber Vertrauen und institutioneller „goodwill“ vorherrschen; andererseits werden dennoch konkrete Leistungen erwartet, so die Wissenschaft auf eine Institution zur Förderung wirtschaftlichen Wachstums reduziert wird. Nur selten wird die Wissenschaft von der Öffentlichkeit als eine Institution im Dienste des Gemeinwohls konzipiert, für deren Fortbestehen die Wissenschaftsfreiheit eine unverzichtbare Ressource ist. Es wäre jedoch ungerechtfertigt, das öffentliche Publikum für diese einseitige Wahrnehmung der Wissenschaft verantwortlich zu machen, denn tatsächlich tut die Wissenschaft selbst ihr Bestes, sich nach außen nicht als kulturellen „Selbstzweck“ zu präsentieren, sondern statt dessen auf praktisch relevante wissenschaftliche Errungenschaften zu verweisen. Empirisch betrachtet ist es also in all diesen Konstellationen nicht leicht, zwischen der Öffentlichkeit als „Leistungsempfänger “ und der Öffentlichkeit als „Souverän“ zu unterscheiden. Dennoch halten wir daran fest, dass diese Unterscheidung analytisch zentral ist. Sie aufzugeben hieße, die Idee der Wissenschaftsfreiheit in Frage zu stellen und damit auch die nicht auf das Ökonomische reduzierbare Bedeutung der Wissenschaft für das Selbstverständnis demokratischer Gesellschaften zu gefährden.

Freiheit und Verantwortung in den Lebenswissenschaften

Jörg Hacker und Susanne Behrens-Kneip

In den vergangenen Jahren hat die Forschung gerade im Bereich der Lebenswissenschaften eine rasante Entwicklung durchlaufen, die in vielfältiger Richtung reflektiert wird.[1] Es haben sich völlig neue Forschungsfelder aufgetan, so zum Beispiel das noch junge Gebiet der Synthetischen Biologie, andere Forschungsgebiete haben sich beeindruckend entwickelt, so etwa die Stammzellforschung oder der Bereich der genetischen Diagnostik. Diese Gebiete eröffnen zum Teil völlig neue Möglichkeiten in Diagnostik, Therapie und Prophylaxe auch schwerer Krankheiten. Sie bieten allerdings nicht nur Chancen, sondern bergen möglicherweise auch Risiken. Sie wecken nicht nur Hoffnung auf Heilung, sondern auch Zweifel und Bedenken, ob die Wissenschaft nicht zu weit geht und ethisch-moralische Grenzen überschreitet. Denn die Freiheit der Wissenschaft ist zwar laut Artikel 5 Absatz 3 des Grundgesetzes ein geschütztes Grundrecht unserer demokratisch verfassten Gesellschaft, in Artikel 1 heißt es aber auch: „Die Würde des Menschen ist unantastbar". Die Wissenschaft hat eine große Verantwortung gegenüber der Gesellschaft, die es mit dem Recht auf die Forschungsfreiheit zu vereinbaren gilt.

Die Lebenswissenschaften sind in den letzten Jahren daher auch vermehrt in den öffentlichen Diskurs geraten; insgesamt hat die Diskussion über dieses Wissenschaftsfeld stark zugenommen. Dies verdeutlicht, dass Wissenschaft, Gesellschaft und Politik verstärkt miteinander in den Dialog treten müssen, um das Verhältnis von Freiheit und Verantwortung der Forschung auf diesem Gebiet neu zu gewichten.

Seit jeher, aber besonders seit ihrer Ernennung zur Nationalen Akademie der Wissenschaften im Jahre 2008 ist es eine der zentralen Aufgaben der Deutschen Akademie der Naturforscher Leopoldina, diesen Dialog

---

[1] J. Hacker: Verheißung auf das Ewige Leben? – Naturwissenschaftliche, ethische und juristische Aspekte der neuen Biomedizin, in: E. Hilgendorf, S. Beck (Hg.): Biomedizinische Forschung in Europa, Baden-Baden 2010, S. 201–210.

gemeinsam mit den anderen Akademien und den großen Wissenschaftsorganisationen zu führen. Hierzu greift die Akademie wissenschaftsbezogene, gesellschaftspolitisch relevante Themen auf, beispielsweise die Synthetische Biologie oder die Präimplantationsdiagnostik, und erarbeitet Stellungnahmen und Empfehlungen für Politik und Gesellschaft.

1. Von Genen, Klonen und Genomen

Trotz aller, zum Teil auch objektiv unlösbarer Konflikte, die sich im Zusammenhang mit der Forschung im Bereich der Lebenswissenschaften ergeben, ist klar, dass dieser Teil der Wissenschaften ein unverzichtbarer Bestandteil unserer Gesellschaft ist. Ohne die intensive Forschung auf diesem Gebiet gäbe es keinen medizinischen Fortschritt, keine Impfstoffe, Antibiotika und neuen Medikamente. Doch wie hat alles angefangen? Die Frage nach den Grundlagen der Lebensprozesse war lange ungeklärt. Erst seit gut 60 Jahren wissen wir, dass eine chemische Substanz, die Desoxyribonukleinsäure, kurz DNS oder DNA genannt, die Grundlage des Lebens darstellt.

Als einer der Gründerväter der modernen Biologie gilt heute der Augustinermönch Gregor Mendel (1833–1884). Ihm gelang es erstmals, zu zeigen, dass die Vererbung bestimmter Eigenschaften oder Merkmale vorgegebenen Gesetzmäßigkeiten folgt. Zwar kannte Mendel den Begriff der „Gene", die die Grundlage der Vererbung bilden, nicht, doch er erkannte bereits, dass die in ihnen enthaltenen Erbinformationen einzeln an die Nachkommen weitergegeben werden und frei miteinander kombinierbar sind. In Vorträgen, die Mendel 1865 in Brünn über seine Untersuchungen zur Vererbung der Blütenfarbe bei Erbsen hielt, führte er aus: „Es gehört allerdings einiger Mut dazu, sich einer so weitreichenden Arbeit zu unterziehen; indessen scheint es der einzig richtige Weg zu sein, auf dem endlich die Lösung einer Frage erreicht werden kann, welche für die Entwicklungsgeschichte der organischen Formen von nicht zu unterschätzender Bedeutung ist."[2]

Dennoch sollte die stoffliche Natur dieser Gene noch lange unbekannt bleiben. Zwar entdeckte Friedrich Miescher 1869, also kurz nach

---

[2] G. Mendel: Versuche über Pflanzenhybriden (Verhandlungen des Naturforschenden Vereines in Brünn, Band 4), Brünn 1866, S. 3–47, hier S. 4; W. Tanner: Gregor Johann Mendel: Leben, Werk und Wirkung, in: Biologie in unserer Zeit 14 (1984), S. 84–87.

Mendels Veröffentlichung, die Zellsubstanz, die wir heute als die schon erwähnte DNS oder DNA kennen. Es dauerte aber noch über 70 Jahre, bis erkannt wurde, dass ebendiese DNA und nicht, wie bis dahin angenommen, Eiweiße, sogenannte Proteine, Träger der Erbinformation ist.[3] Kurz darauf, im Jahre 1953, wurde auch die Struktur der DNA von James Watson und Francis Crick gelöst.[4] Schließlich wurde dann auch klar, dass die in der DNA gespeicherte Information in einer festgelegten Abfolge von Bausteinen dokumentiert ist und dass deren Sequenz innerhalb definierter Abschnitte auf der DNA, den Genen, den Bauplan für die Übersetzung in die Eiweiße vorgibt.

Als es in den 70er Jahren des letzten Jahrhunderts dann auch gelang, Gene von unterschiedlichen Organismen im Reagenzglas miteinander zu mischen, neu zu verknüpfen und in einem bestimmten Zellhintergrund, beispielsweise in Bakterien, zu untersuchen, war die Grundlage der heutigen modernen Gentechnik geschaffen. Die dabei entstehenden erbgleichen Organismen, die solche „rekombinanten“ Fremdgene enthalten, werden als „Klone“ bezeichnet und die Technik, die bei der Generierung der Klone verwendet wird, wird auch „klonieren“ genannt. Die Verfahren des Klonierens spielen heute eine große Rolle in der Biotechnologie, beispielsweise bei der Entwicklung neuer Medikamente. Sie sind aber auch Grundlage der sogenannten „Gentherapie“, einer medizinischen Methode, mit deren Hilfe „kranke“ Gene gegen „gesunde“ ausgetauscht werden sollen. In diesem Zusammenhang ist zu erwähnen, dass die Gesamtheit aller Gene eines Organismus Genom genannt wird. Bakterien der Art *Escherichia coli* haben beispielsweise 4.000 Gene in ihrem Genom, das Genom des Menschen besteht aus etwa 30.000 Genen.

2. Gentechnik und Synthetische Biologie

In den vergangenen Jahren hat sich ein neuer Forschungszweig im Grenzbereich von Molekularbiologie, organischer Chemie, Ingenieurwissenschaften, Nanobiotechnologie und Informationstechnik entwi-

---

[3] O. T. Avery, C. M. MacLeod, M. McCarty: Studies on the chemical nature of the substance inducing transformation of pneumococcal types: induction of transformation by a desoxyribonucleic acid fraction isolated from pneumococcus type III, in: J. Exp. Med. 79 (1944), S. 137–158.

[4] J. D. Watson, F. Crick: Molecular structure of nucleic acids. A structure for deoxyribose nucleic acid, in: Nature 171 (1953), S. 737 f.

ckelt, der es sich zum Ziel gesetzt hat, komplexe biologische Systeme und Organismen mit neuen Eigenschaften zu etablieren und zu studieren – die „Synthetische Biologie". Dieser Terminus wurde bereits vor knapp 100 Jahren von dem französischen Biologen Stéphane Leduc geprägt,[5] ist in seiner heutigen Bedeutung aber erst seit gut zehn Jahren in Gebrauch. Im Jahr 1980 verwendete die Journalistin Barbara Hobom von der „Frankfurter Allgemeinen Zeitung" den Begriff „Synthetische Biologie" noch als Synonym für die Anwendung gentechnologischer Methoden und die Herstellung gentechnisch veränderter Mikroorganismen.[6] In der Tat hat sich mit der Synthetischen Biologie eine neue Dimension des molekularbiologischen Experimentierens aufgetan, da nunmehr ganze Genome synthetisch hergestellt werden können.

Im Jahre 1995 wurde erstmals die gesamte Sequenz des Genoms eines Organismus, des Bakteriums *Haemophilus influenzae*, entschlüsselt.[7] Heute kennen wir die genetische Ausstattung über 1.000 unterschiedlicher Arten, angefangen von einfachsten Bakterien bis hin zum Menschen. Insofern war es nur eine Frage der Zeit, bis begonnen wurde, Genome auch synthetisch im Labor zu rekonstruieren. Als einem der Ersten gelang dies im Jahre 2002 dem Deutsch-Amerikaner Eckard Wimmer. Er stellte das mit ca. 7.500 Basenpaaren vergleichbar kleine Genom des Poliovirus, das für die Kinderlähmung verantwortlich ist, im Labor her.[8] Seitdem sind Wissenschaftler bestrebt, auch die Genome kleiner Bakterien zu synthetisieren. So gelang 2008 bereits die Synthese eines im Vergleich zum Genom des Poliovirus etwa 70-mal größeren bakteriellen

---

[5] S. Leduc: La Biologie Synthéthique (Études de Biophysique), Paris 1912.

[6] B. Hobom: Surgery of genes. At the doorstep of synthetic biology, in: Medizin. Klinik 75 (1980), S. 14–21.

[7] R. D. Fleischmann, M. D. Adams, O. White, R. A. Clayton, E. F. Kirkness, A. R. Kerlavage, C. J. Bult, J.-F. Tomb, B. A. Dougherty, J. M. Merrick, K. McKenney, G. Sutton, W. FitzHugh, Ch. Fields, J. D. Gocyne, J. Scott, R. Shirley, L.-I. Liu, A. Glodek, J. M. Kelley, J. F. Weidman, Ch. A. Phillips, T. Spriggs, E. Hedblom, M. D. Cotton, T. R. Utterback, M. C. Hanna, D. T. Nguyen, D. M. Saudek, Rh. C. Brandon, L. D. Fine, J. L. Fritchman, J. L. Fuhrmann, N. S. M. Geoghagen, Ch. L. Gnehm, L. A. McDonald, K. V. Small, C. M. Fraser, H. O. Smith, J. C. Venter: Whole-Genome Random Sequencing and Assembly of Haemophilus influenzae Rd, in: Science 26 (1995), S. 496–512.

[8] J. Cello, A. V. Paul, E. Wimmer: Chemical synthesis of poliovirus cDNA: generation of infectious virus in the absence of natural template, in: Science 297 (2002), S. 1016–1018.

Genoms.[9] Die Synthese deutlich größerer Genome, wie zum Beispiel des Menschen, ist aber auch heute noch nicht möglich.

Letztendlich sollen die künstlichen Genome dann mit weiteren Eigenschaften ausgestattet werden, beispielsweise zur Umwandlung von Licht in chemische Energie oder zur Produktion von Biomolekülen.[10] Um tatsächlich nutzbar zu sein, müssten die neu-synthetisierten Genome allerdings noch zur Aktivität gebracht werden. Dass dies grundsätzlich möglich ist, zeigten die jüngsten Experimente der Forschergruppe um Craig Venter. Die Wissenschaftler tauschten das natürliche Genom eines Bakteriums gegen ein künstliches Genom eines verwandten Bakteriums aus und erhielten ein lebensfähiges „Hybrid"-Bakterium, das sie als „synthetisches" Bakterium bezeichneten.[11] Diese Experimente riefen eine ethische und rechtspolitische Debatte in der Öffentlichkeit hervor, da möglicherweise „neuartiges Leben" geschaffen wurde, und führten zu Diskussionen über die Grenzen der Wissenschaft. Hier ist anzumerken, dass Venters Experimente zwar eine beachtliche technische Leistung darstellen, aber weit von der de novo „Erschaffung" künstlichen Lebens entfernt sind.

Die Synthetische Biologie birgt eine ganze Reihe von Implikationen. So wird beispielsweise diskutiert, ob das rechtliche Instrumentarium einen ausreichenden Rahmen schafft, um die Arbeiten zur Synthetischen Biologie in Deutschland im Sinne der biologischen Sicherheit durchführen zu können. Viele der bisherigen Arbeiten stellen im Prinzip

---

9 D. G. Gibson, G. A. Benders, C. Andrews-Pfannkoch, E. A. Denisova, H. Baden-Tillson, J. Zaveri, T. B. Stockwell, A. Brownley, D. W. Thomas, M. A. Algire, Ch. Merryman, L. Young, V. N. Noskov, J. I. Glass, J. C. Venter, C. A. Hutchison 3rd, H. O. Smith: Complete chemical synthesis, assembly, and cloning of a „Mycoplasma genitalium" genome, in: Science 319 (2008), S. 1215–1220.

10 Deutsche Forschungsgemeinschaft, Deutsche Akademie der Technikwissenschaften acatech, Deutsche Akademie der Naturforscher Leopoldina – Nationale Akademie der Wissenschaften: Synthetische Biologie. Gemeinsame Stellungnahme, Weinheim 2009.

11 D. G. Gibson, J. I. Glass, C. Lartigue, V. N. Noskov, R.-Y. Chuang, M. A. Algire, G. A. Benders, M. G. Montague, L. Ma, M. M. Moodie, Ch. Merryman, S. Vashee, R. Krishnakumar, N. Assad-Garcia, C. Andrews-Pfannkoch, E. A. Denisova, L. Young, Z-Q. Qi, Th. H. Segall-Shapiro, Ch. H. Calvey, P. P. Parmar, C. A. Hutchison 3rd, H. O. Smith, J. C. Venter: Creation of a bacterial cell controlled by a chemically synthesized genome, in: Science 329 (2010), S. 52–56.

Klonierungsexperimente „im größeren Stil" dar und sind damit über das deutsche Gentechnikgesetz geregelt; in Fragen der Biosicherheit und des Infektionsschutzes greift auch hier das Infektionsschutzgesetz. Weitere Bereiche der Synthetischen Biologie sind im Chemikaliengesetz, im Arbeitsschutzgesetz und gegebenenfalls im Arzneimittelgesetz erfasst. Dennoch könnten sich in der Zukunft experimentelle Zugänge eröffnen, die eine Neubewertung der rechtlichen Situation erforderlich machen.

Eine der zentralen Fragen, die in der ethischen Debatte um die Synthetische Biologie kursiert, ist, ob die Wissenschaftler sich anmaßen „Gott zu spielen", da ja „neuartiges Leben" geschaffen wird. Hier ist festzustellen, dass die Synthetische Biologie sich noch überwiegend auf Ebene der Grundlagenforschung bewegt und von der „Schaffung neuen Lebens" weit entfernt ist.[12] Momentan und wohl auch in absehbarer Zukunft ist es nicht möglich, im Labor organisches Leben nach den heute gültigen Kriterien, das heißt mit der Fähigkeit zur eigenständigen Vermehrung, einem autonomen Stoffwechsel und dem Potential, in der Evolution zu bestehen, de novo zu erschaffen. Dennoch sind Fragen berechtigt, denn mit Venters „Hybrid"-Bakterium wurde zumindest ein artifizielles, synthetisches Genom zur Aktivität gebracht.[13]

Die Möglichkeit, Systeme mit den Eigenschaften lebender Zellen zu generieren, verleiht der Wissenschaft ohne Frage einen neuen Status, der ein hohes Maß an Verantwortung gegenüber der Gesellschaft verlangt. Im Umgang mit der Synthetischen Biologie ist daher ein breiter gesellschaftlicher Diskurs erforderlich, der die Chancen und Risiken, die Möglichkeiten, aber auch die Grenzen dieses jungen Forschungsgebietes aufzeigt. Einen ersten Schritt in diese Richtung hat die Akademie Leopoldina gemeinsam mit der Deutschen Forschungsgemeinschaft und der Deutschen Akademie der Technikwissenschaften acatech in Form einer Stellungnahme zur „Synthetischen Biologie" unternommen, in der diese Fragen thematisiert werden.[14] Im Jahr 2011 wird die Leopoldina die Diskussion um die Chancen und Risiken der Synthetischen Biologie im Kontext ihrer Jahresversammlung zum Thema „Was ist Leben" erneut aufgreifen.

---

[12] Deutsche Forschungsgemeinschaft u. a.: Synthetische Biologie (wie Anm. 10).

[13] D. G. Gibson u. a.: Creation of a bacterial cell controlled by a chemically synthesized genome (wie Anm. 11).

[14] Deutsche Forschungsgemeinschaft u. a.: Synthetische Biologie (wie Anm. 10).

3. Gentechnik und menschliches Leben

Die Synthetische Biologie operiert bisher vornehmlich auf der Ebene von Einzellern und ob sie jemals auch auf höhere Lebewesen, eventuell sogar auf den Menschen, anwendbar sein wird, ist ungewiss. In diesem Zusammenhang wäre dann auch die Frage „Was ist menschliches Leben“ neu zu stellen. Neben den bereits genannten Kriterien für organisches Leben – Replikation, Physiologie und Evolution – zeichnet sich menschliches Leben weiter durch die Fähigkeit zur Kommunikation sowie durch die Verantwortung für Menschheit und Natur aus. Die hier erforderlichen Diskussionen gehen weit über den reinen Aspekt der Synthetischen Biologie hinaus und müssen insbesondere die Konsequenzen, die Zukunftssicherung, aber auch die Würde und das Selbstbildnis des Menschen einbeziehen.

So bieten die modernen Verfahren der Gentechnik bereits heute einige vielversprechende Ansätze, die dazu beitragen könnten, Leiden zu mindern und Krankheiten sogar zu heilen. Ein Beispiel ist die somatische Gentherapie, bei der DNA direkt in Körperzellen eingeschleust wird, um ererbte oder erworbene Gendefekte zu korrigieren, „kranke“ Gene gewissermaßen gegen „gesunde“ auszutauschen. Eine derartige Anwendung gentechnischer „Klonier“-Verfahren direkt am Menschen macht es selbstverständlich erforderlich, sie auf ihre ethischen Implikationen zu beleuchten. Das Institut „Technik Theologie Naturwissenschaften“ (TTN), das gemeinsam von der Evangelischen Landeskirche in Bayern und der Ludwig-Maximilians-Universität München betrieben wird, hat hierzu die einzelnen Formen der gentechnischen Eingriffe am Menschen auf ihre ethische Bedeutung hin untersucht und basierend auf den Kriterien Menschenwürde, ärztliches Handeln, Risiko eines Eingriffes und Rückholbarkeit ein sogenanntes ethisches „Stufenmodell“ erarbeitet:[15]

In der 1. Stufe geht das TTN-Modell zunächst davon aus, dass eine Substitutionstherapie mit Medikamenten, die durch Klonierverfahren gentechnisch hergestellt werden, wie beispielsweise das Insulin, ethisch unbedenklich ist.[16]

---

[15] J. Hacker, T. Rendtorff, P. Cramer, M. Hallek, K. Hilpert, Ch. Kupatt, M. Lohse, A. Müller, U. Schroth, F. Voigt, M. Zichy: Biomedizinische Eingriffe am Menschen. Ein Stufenmodell zur ethischen Bewertung von Gen- und Zelltherapie, Berlin 2009.

[16] Ebd., S. 50–60.

Die Stufe 2 beinhaltet Verfahren, bei denen die bereits erwähnte Gentherapie zum Einsatz kommt, also „mit den Genen selbst geheilt“ wird. Wichtig ist dabei die Tatsache, dass im Falle der „somatischen“ Gentherapie nur Körperzellen durch Einschleusung von DNA behandelt und geheilt werden. Die Geschlechtszellen, und somit das Erbgut, das an die nächste Generation weitergegeben wird, bleiben hingegen unberührt und unverändert. In die Technik der somatischen Gentherapie wurde und wird die große Hoffnung gesetzt, insbesondere schwere erbliche Immundefekte und Stoffwechselleiden einmal therapieren zu können. Bisher hat sich diese Hoffnung allerdings nur bedingt erfüllt. Dennoch kommt das Stufenmodell zu dem Schluss, dass die somatische Gentherapie unter Beachtung guter wissenschaftlicher Praxis und nach entsprechender Konsultation in Ethikkommissionen ethisch vertretbar ist.[17]

Anders verhält es sich bei der sogenannten Keimbahntherapie, die die Stufe 3 des Stufenmodells repräsentiert. Hier werden „kranke Gene“ theoretisch in Keimzellen, also in Eizellen und Spermien, und nicht in Körperzellen ersetzt. Einmal in Keimzellen transferierte Gene wären dann auf die nächste Generation vererbbar und somit nicht „rückholbar“. Momentan fehlen die wissenschaftlichen Grundlagen für derartige Therapien. Doch stellt sich die Frage, ob derartige Interventionsmöglichkeiten in der Zukunft überhaupt in Betracht gezogen werden sollten. Auch in dem Stufenmodell von TTN werden die entsprechenden Arbeiten ablehnend bewertet.[18]

Die Stufe 4 des Modells schließlich umfasst Verfahren, in denen es um Keimbahneingriffe in „verbessernder“ („enhancement“) Absicht geht. Auch wenn derartige Verfahren von Seiten der Wissenschaft momentan und auch in naher und mittlerer Zukunft nicht möglich sein werden, teilen die Autoren des Stufenmodells die Meinung, dass derartige Untersuchungen ethisch nicht vertretbar und grundsätzlich abzulehnen sind.[19] Die Ausführungen der Studie zur Rolle des Klonierens beim Menschen verdeutlichen gleichzeitig aber auch, wie differenziert Überlegungen angegangen werden müssen. Es hilft nicht, Patentlösungen zu suchen, die alle Möglichkeiten nach einem einheitlichen Schema behandeln. Es ist vielmehr eine differenzierte Abwägung der Möglichkeiten und ethischen Implikationen notwendig.

---

[17] Ebd., S. 63–76.

[18] Ebd., S. 78–100.

[19] Ebd., S. 102–111.

4. Forschen mit embryonalen Stammzelllinien

Ein Thema der modernen Biomedizin, das in den vergangenen Jahren heftige ethische Debatten in der deutschen Öffentlichkeit ausgelöst hat, ist die Forschung mit humanen „embryonalen Stammzelllinien" oder HES-Zelllinien. Aufgrund der besonderen Eigenschaften, die diese Zellen insbesondere im Hinblick auf ihre Regenerations- und Entwicklungsfähigkeit auszeichnen, werden sie heute in der Grundlagenforschung verwendet, um die Entwicklung von Zellen und Geweben zu untersuchen. Biologen und Mediziner versprechen sich von diesen Untersuchungen ein vertieftes Verständnis von Krankheitsprozessen, etwa zur Multiplen Sklerose, zu Diabetes, zu Morbus Parkinson, zu Nervenverletzungen oder zu Herzerkrankungen. Letztlich ist es das Ziel dieser Forschungen, neue Therapieoptionen möglich zu machen.

Doch was ist das eigentliche Problem? Wir unterscheiden zwei Stammzellen-Typen: die sogenannten adulten und die embryonalen Stammzellen. Adulte Stammzellen sind in den Geweben eines ausgebildeten Organismus zu finden und sind in nur begrenztem Umfang in der Lage, sich in organspezifische Zellen der Haut, der Muskeln oder des Blutes zu entwickeln. Embryonale Stammzellen hingegen kommen nur im frühen Embryo vor, einem erst ein paar Tage alten Verband aus 100 bis 200 Zellen, der nach der Befruchtung der Ei- mit einer Samenzelle entsteht. Aus ihnen entstehen die unterschiedlichen Gewebe eines komplexen Organismus.

Im Jahre 1998 war es Wissenschaftlern nun erstmals gelungen, Stammzellen aus Embryonen zu entnehmen und im Labor weiter zu vermehren.[20] Das ethische Dilemma bei diesen Untersuchungen besteht darin, dass der Embryo nach Entnahme der Stammzellen abstirbt. Allerdings werden nur solche Embryonen verwendet, die durch Befruchtung außerhalb des Körpers, der sogenannten In-vitro-Fertilisation gewonnen werden und die nicht mehr zur Fortpflanzung genutzt, also nicht mehr in einen Mutterleib eingepflanzt werden können. Auch ist bekannt, dass in Kliniken für die In-vitro-Fertilisation in den USA oder in Israel mehrere Hunderttausend solcher „verwaister Embryonen" in Tiefkühltruhen lagern und diese Embryonen in der Regel nach einigen Jahren „entsorgt"

[20] J. A. Thomson, J. Itskovitz-Eldor, S. S. Shapiro, M. A. Waknitz, J. J. Swiergiel, V. S. Marshall, J. M. Jones: Embryonic stem cell lines derived from human blastocysts, in: Science 282 (1998), S. 1145–1147; J. A. Thomson, V. S. Marshall: Primate embryonic stem cells, in: Curr. Top. Dev. Biol. 38 (1998), S. 133–165.

werden. Dennoch müssen die ethischen Bedenken im Hinblick auf diese Methode ernst genommen werden.

Die Arbeiten mit Stammzellen sind in Deutschland durch zwei Gesetze geregelt. Das Embryonenschutzgesetz aus dem Jahre 1990 verbietet jegliche Manipulation an Embryonen. Darunter fällt auch die Durchführung einer Keimbahntherapie, die die Klonierung von menschlichen Zellen zum Inhalt hätte. Aber es ist auch untersagt, in Deutschland eigene humane embryonale Stammzelllinien anzulegen. Ein gesetzlicher Rahmen für die Forschung mit humanen Stammzelllinien in Deutschland wurde durch das in seiner ersten Fassung im Jahre 2002 beschlossene Stammzellgesetz geschaffen, in dem der Import von und die Arbeit mit im Ausland gewonnenen Stammzelllinien geregelt ist.

Allerdings durften nach diesem Gesetz nur solche Zelllinien verwendet werden, die im Ausland vor dem 01.01.2002 hergestellt worden waren. Dies brachte diverse Nachteile für die deutsche Wissenschaft mit sich. So standen ihr nur 21 Zelllinien zur Verfügung, während international mit über 500 solcher Linien gearbeitet wird. Zudem waren die alten Zelllinien nicht unter standardisierten Bedingungen angelegt worden, sie waren zum Teil verunreinigt; dies hatte widersprüchliche Daten zur Folge. Die Deutsche Forschungsgemeinschaft hat deshalb dafür plädiert, den Stichtag ganz abzuschaffen.[21] Auch der Status deutscher Wissenschaftler, die im Ausland mit neueren, in Deutschland nicht zugelassenen Stammzelllinien arbeiten oder die in Gremien Entscheidungen zur Stammzellforschung auf internationalem Gebiet fällen, war ungeklärt.

Letztendlich haben diese Punkte die Politik veranlasst, sich intensiv mit der Frage der Stammzellforschung auseinanderzusetzen. Am 9. April 2008 wurde das Stammzellgesetz in zwei Punkten geändert. Nach dem novellierten Gesetz ist es nunmehr möglich, im Ausland hergestellte Stammzelllinien für die Forschung zu verwenden, die vor dem 01. Mai 2007 dort angelegt wurden. Der alte Stichtag wurde also durch einen neuen ersetzt. Auch der Status von deutschen Wissenschaftlern ist nun besser geregelt, denn das Stammzellgesetz ist nunmehr explizit nur im Inland anwendbar.

Für viele deutsche Wissenschaftsorganisationen, unter anderem die Deutsche Forschungsgemeinschaft und die Akademie Leopoldina, stellt

---

[21] Deutsche Forschungsgemeinschaft: Stammzellforschung in Deutschland – Möglichkeiten und Perspektiven. Stellungnahme der Deutschen Forschungsgemeinschaft, Weinheim 2007.

das neue Stammzellgesetz einen Kompromiss dar, mit dem die deutsche Forschung leben kann. Dennoch muss auch auf die mit diesem Gesetz verbundenen Widersprüchlichkeiten hingewiesen werden. So dürfen in Deutschland selbst keine Stammzelllinien hergestellt werden. Es werden nur Linien verwendet, die im Ausland hergestellt werden, dort jedoch mit Verfahren, die in Deutschland nicht gestattet sind. Zudem machen sich deutsche Wissenschaftler Wissen zu Nutze, das im Ausland mit Methoden generiert wird, die in Deutschland ebenfalls nicht verwendet werden dürfen. Ethisch konsequent ist das Ganze also nicht. Letztendlich ist das Stammzellgesetz ein pragmatischer Kompromiss, der im politischen Raum geschlossen wurde und der es auch Skeptikern der Stammzellforschung möglich machte, einer Forschung mit derartigen Zelllinien in Deutschland zuzustimmen.

Inzwischen hat sich aus der Forschung mit humanen embryonalen Stammzellen jedoch eine neue Technik entwickelt, die „Reprogrammierung", die von vielen Beobachtern als revolutionär angesehen wird und das ethische Dilemma der Stammzellforschung auflösen könnte. Wie bereits erläutert, sind nur embryonale Stammzellen, nicht aber die adulten, in der Lage, sich in alle 200 Zellen eines menschlichen Körpers zu entwickeln. Bei diesem Prozess, den wir langsam zu verstehen beginnen, spielen eine Reihe von Reprogrammierungsfaktoren, die als molekulare Schalter wirken, eine Rolle. Dem Japaner Shinya Yamanaka, dem Deutschen Hans Robert Schöler und anderen Wissenschaftlern ist es nun gelungen, der Maus und dem Menschen Körperzellen zu entnehmen und in diese Körperzellen unterschiedliche Gene einzuschleusen. Die Produkte dieser Gene wirken als Schalter und versetzen die Körperzelle zurück in den Status einer stammzellähnlichen Zelle.[22] Yamanaka und Schöler schufen mit diesen Untersuchungen die Grundlagen für ein Verfahren zur „Rücksteuerung" der Zellentwicklung. Gemeinsam mit Irving Weissman, der ebenfalls herausragende Entdeckungen auf dem Gebiet der Stammzellforschung gemacht hat, wurden sie hierfür im Jahre 2008

[22] K. Takahashi, S. Yamanaka: Induction of pluripotent stem cells from mouse embryonic and adult fibroblast cultures by defined factors, in: Cell 126 (2006), S. 663–676; K. Okita, T. Ichisaka, S. Yamanaka: Generation of germline-competent induced pluripotent stem cells, in: Nature 448 (2007), S. 313–317; J. B. Kim, H. Zaehres, G. Wu, L. Gentile, K. Ko, V. Sebastiano, M. J. Araúzo-Bravo, D. Ruau, D. W. Han, M. Zenke, H. R. Schöler: Pluripotent stem cells induced from adult neural stem cells by reprogramming with two factors, in: Nature 454 (2008), S. 646–650.

mit dem Robert-Koch-Preis, einem der renommiertesten deutschen Wissenschaftspreise, ausgezeichnet. Auch wenn hier noch viele Detailfragen ungeklärt sind, so hat dieses Prinzip der Reprogrammierung doch die Möglichkeit eröffnet, Stammzellen aus Körperzellen und nicht mehr aus Embryonen herzustellen. Zudem geben diese Ergebnisse zu der Hoffnung Anlass, dass eines Tages auch patientenspezifische Zellen gewonnen und möglicherweise in Nervenzellen, Herzzellen oder Muskelzellen reprogrammiert werden können, um dann für eine Therapie eingesetzt zu werden.[23]

Das Arbeiten mit reprogrammierten Zellen, die auch als iPS-Zellen, „induzierte pluripotente Stammzellen", bezeichnet werden, könnte jedoch in ein neues Dilemma führen. Zwei in diesem Kontext wichtige Begriffe sind „Totipotenz" und „Pluripotenz". „Totipotenz" bedeutet, dass sich eine Zelle oder ein Zellgebilde zu einem vollständigen Menschen entwickeln kann. „Pluripotenz" hingegen besagt, dass aus bestimmten Stammzellen zwar unterschiedliche Zelltypen, aber kein vollständiger menschlicher Organismus entstehen kann. Embryonale Stammzelllinien sind „pluripotent", aber nicht „totipotent", da man aus ihnen verschiedene Zelltypen gewinnen kann, sie sich aber nicht mehr zu einem vollständigen Menschen entwickeln können.

Sollte es durch Verfahren der Reprogrammierung nun aber möglich werden, beispielsweise Hautzellen über ein Pluripotenzstadium in das Stadium der Totipotenz zu versetzen, so könnten nach einer Einpflanzung dieser totipotenten Zellen theoretisch neue Individuen entstehen. Momentan ist dies noch eine Zukunftsvision. Dennoch ist es notwendig, die Arbeiten mit pluripotenten Zellen weiter im Blick zu haben, um dieses ethische und rechtliche Problem rechtzeitig adressieren zu können. Deshalb haben die Berlin-Brandenburgische Akademie der Wissenschaften (BBAW) und die Leopoldina hierzu eine gemeinsame Stellungnahme mit Empfehlungen an die Politik und Gesellschaft herausgebracht.[24] Insgesamt hat sich die Generierung induzierter pluripotenter Stammzellen oder iPS-Zellen zu einem interessanten, hoch kompetitiven, neuen Forschungsfeld der Biomedizin entwickelt, das großes Potenzial beispiels-

[23] R. Jaenisch, R. Young: Stem Cells, the Molecular Circuitry of Pluripotency and Nuclear Reprogramming, in: Cell 132 (2008), S. 567–582.

[24] Berlin-Brandenburgische Akademie der Wissenschaften, Deutsche Akademie der Naturforscher Leopoldina – Nationale Akademie der Wissenschaften: Neue Wege der Stammzellforschung. Reprogrammierung von differenzierten Körperzellen. Gemeinsame Stellungnahme, Berlin 2009.

weise im Hinblick auf zukünftige lebensverlängernde oder lebensverbessernde Therapien hat.

5. Die Präimplantationsdiagnostik

Ein weiteres rechtlich und moralisch umstrittenes Thema der modernen Biomedizin ist die Präimplantationsdiagnostik (PID) oder genauer die Präimplantationsgendiagnostik. Hierbei handelt es sich um ein genetisches Untersuchungsverfahren, bei dem Embryonen, die durch künstliche Befruchtung im Reagenzglas erzeugt wurden, in einem frühen Stadium, noch vor ihrer Übertragung in die Gebärmutter der Frau, auf genetische Defekte überprüft werden. So können Krankheiten, die schon im frühen Kinder- und Jugendalter auftreten würden, z. B. die Muskeldystrophie, aber auch Krankheiten, die erst im Verlauf des Lebens auftreten könnten, z. B. Chorea Huntington, früh erkannt werden. Die Präimplantationsdiagnostik ist also ein Verfahren, das auch Paaren mit einem hohen Risiko für die Geburt eines Kindes mit einer genetisch bedingten schweren Krankheit die Chance eröffnet, mit erhöhter Wahrscheinlichkeit ein gesundes Kind zu bekommen. Zugleich beugt sie auch einer psychologisch belastenden „Schwangerschaft auf Verdacht" und einem eventuellen späteren Schwangerschaftsabbruch vor.

Die Techniken, die eine PID ermöglichen, wurden seit Ende der 80er Jahre vor allem in den USA, Großbritannien und Belgien entwickelt. In Deutschland gibt es bisher keine klare gesetzliche Regelung im Hinblick auf eine Anwendung der PID. Über lange Zeit herrschte die Meinung vor, dass sie gegen das Embryonenschutzgesetz aus dem Jahre 1990 verstoßen würde. Im Juli 2010 hat der Bundesgerichtshof jedoch den Entscheid getroffen, dass die PID „zur Entdeckung schwerer genetischer Schäden" von Embryonen, die außerhalb des Körpers der Schwangeren erzeugt wurden, zumindest nicht strafbar ist. Die Diskussionen um die ethische und juristische Vertretbarkeit dieses Verfahrens müssen jedoch weiterverfolgt und eindeutigere gesetzliche Regelungen getroffen werden. Hierzu hat die Akademie Leopoldina in Zusammenarbeit mit der acatech – Deutsche Akademie der Technikwissenschaften und der Berlin-Brandenburgischen Akademie der Wissenschaften eine Stellungnahme erarbeitet, die Empfehlungen zu dieser Thematik an die deutsche Politik und Gesellschaft richtet.[25]

---

[25] Leopoldina – Nationale Akademie der Wissenschaften, acatech – Deutsche

Im Sinne des bereits genannten Embryonenschutzgesetzes sind die Zygote sowie alle einem Embryo entnommenen totipotenten Zellen zu schützen, d. h. sie dürfen nicht aus einem Embryo entnommen werden. Da die Präimplantationsgendiagnostik auf pluripotente Zellen eines späteren Entwicklungsstadiums des Embryos zugreift, verstößt das Verfahren selbst nicht gegen das Embryonenschutzgesetz. Doch wie verhält es sich mit den als potentiell „genetisch geschädigt" eingestuften Embryonen und mit den gesunden, aber nicht zur Übertragung in die Gebärmutter ausgewählten „überzähligen" Embryonen? Ist ihre Vernichtung zulässig? Eine Frage, mit der wir auch schon im Kontext der Stammzellforschung konfrontiert sind. Eine weitere strittige Frage ist, wo die Grenze zwischen einer „noch lebenswerten" und „nicht mehr" lebenswerten genetischen Abweichung zu ziehen ist. Dies sind nur einige der im Zusammenhang mit der PID auftretenden Konflikte und die Antworten werden je nach ethisch-moralischer Ausgangslage unterschiedlich sein. Die freie Gewissensentscheidung der Paare, insbesondere der Frau, ist hier von vorrangiger Bedeutung. Die Frau ist von einer Schwangerschaft physisch und psychisch unmittelbar betroffen und hat auch über die Schwangerschaft hinaus eine besondere Verantwortung für das Kind. Es sollte daher eine Regelung gefunden werden, die die individuelle Gewissensentscheidung achtet und moralische Überzeugungen nicht allgemein verbindlich festschreibt, auch wenn die jeweilige individuelle Gewissensentscheidung nicht mit der moralischen oder religiösen Auffassung anderer übereinstimmen mag.[26]

Selbstverständlich muss gleichzeitig aber auch den Ängsten und Bedenken Sorge getragen werden, beispielsweise dass die PID zu einer gängigen Methode werden könnte, um subjektiv „optimalen" Nachwuchs zu bekommen und dass die Legitimierung einer Selektion von Embryonen mit genetischen Abweichungen eine Abwertung und Diskriminierung lebender Menschen mit genetischen Abweichungen mit sich bringt. Es gilt also klare Grenzen zu setzen, gleichzeitig aber auch Lösungen im Konflikt zwischen der Schutzwürdigkeit der sozialen und gesundheitlichen Lebensinteressen der Mutter einerseits und der Schutzwürdigkeit des Lebensrechtes des Embryos andererseits zu finden.

Akademie der Technikwissenschaften, Berlin-Brandenburgische Akademie der Wissenschaften: Präimplantationsdiagnostik (PID) – Auswirkungen einer begrenzten Zulassung in Deutschland. Gemeinsame Ad-Hoc-Stellungnahme, Halle a. d. Saale 2011.

[26] Ebd.

6. Schlussbetrachtung

Ohne Frage hat die rasante Entwicklung der modernen Lebenswissenschaften uns in den vergangenen Jahren atemberaubende neue Einsichten in Elementarprozesse des Lebens gewährt. Die neuen Verfahren der Synthetischen Biologie und der Stammzellforschung könnten es ermöglichen, grundlegende Prozesse der Entstehung und der Entwicklung des Lebens besser zu verstehen und neue Therapieformen zu entwickeln. Auch die genetische Diagnostik ist ein Mittel, das zu einer verbesserten Lebensqualität beitragen kann. Zunächst jedoch sind noch viele, auch wissenschaftliche, Fragen zu klären.[27] Dies ist nur vor dem Hintergrund der Freiheit der Forschung möglich, die ein hohes Gut darstellt und die im Grundgesetz in Artikel 5 Absatz 3 verankert ist. Darüber hinaus geben die neuen Erkenntnisse in der biomedizinischen Forschung auch Anlass zur Hoffnung im Hinblick auf die Heilung momentan nicht therapierbarer Krankheiten. In Artikel 2, in dem es heißt „Jeder hat das Recht auf körperliche Unversehrtheit", spielt das Grundgesetz auch auf diese Tatsache an.

Allerdings werden diese beiden verfassungsrechtlich gesicherten Güter, Forschungsfreiheit und medizinisches Handeln, durch Artikel 1 des Grundgesetzes flankiert, in dem es heißt: „Die Würde des Menschen ist unantastbar". Es ist nicht einfach, diese unterschiedlichen Aspekte des Grundgesetzes miteinander zu vereinbaren. Hier müssen die einzelnen Konsequenzen der Chancen und der Risiken der modernen Lebenswissenschaften im Detail verantwortlich diskutiert und bewertet werden. Der deutsch-amerikanische Philosoph Hans Jonas hat diese Problematik mit dem Terminus „Prinzip Verantwortung" umschrieben, dem sich alle Handlungen im Bereich der biomedizinischen Forschung und der praktischen Medizin zu unterwerfen haben.[28] Bei der Beantwortung von so heiklen Fragen der Lebenswissenschaften wie dem Umgang mit Produkten der Synthetischen Biologie, mit der Stammzellforschung oder der Präimplantationsdiagnostik, sollte der verantwortungsethische Ansatz, den Jonas anspricht, in der Tat Bedeutung haben.

In allen diesen Diskussionen ist die Stellung des Menschen als einzigartige Kreatur zu bedenken.[29] Theologen sprechen auch von

---

27 J. Hacker: Verheißung auf das ewige Leben? (wie Anm. 1).

28 H. Jonas: Das Prinzip Verantwortung – Versuch einer Ethik für die technologische Zivilisation, Frankfurt a. M. 1979.

29 J. Hacker: Verheißung auf das ewige Leben? (wie Anm. 1).

der „Gottesebenbildlichkeit" des Menschen, von der es im Alten Testament in Psalm 8 heißt: „Was ist der Mensch, dass Du Dich seiner annimmst." Letztlich gilt es, in einer schwierigen Diskussion und in einem Prozess der Güterabwägung Lösungen zu finden, die die Würde des Menschen nicht verletzen, gleichzeitig aber Forschung und Therapien zulassen. Wie bereits erwähnt, stellte der Theologe und Vererbungswissenschaftler Gregor Mendel vor 150 Jahren fest: „Es gehört allerdings einiger Mut dazu, sich einer so weitreichenden Arbeit zu unterziehen".[30] Wir alle müssen gemeinsam diesen Mut aufbringen und uns diesen Diskussionen stellen.

[30] G. Mendel: Versuche über Pflanzenhybriden (wie Anm. 2).

Medizinische Forschung zwischen Wissenschaftsfreiheit und klinischer Anwendung

Christian Kupatt

Nicht nur die an dem Menschen als moralischem Mängelwesen oder universalgeschichtlicher Sozialkritik interessierten Wissenschaftler werden eine verblüffende Ähnlichkeit zwischen der prophetischen Kritik des Alten Testaments und zeitgenössischen Warnungen vor dem aktuellen Gesundheitssystem entdecken: Verschwendungssucht, unsachgemäße Ausübung von Vorschriften, Ausbeutung der asymmetrischen Klientenbeziehung, Verlust der Sinnorientierung des Handelns, um nur einige zu nennen. Dennoch, ein Wehruf, den der Prophet Jesaja seinen Zuhörern entgegenschleudert, läuft eigentümlich ins Leere: „Weh denen, die ihre geheimen Pläne vor dem Herrn verbergen, damit im Dunkel bleibt, was sie tun. Sie sagen: Wer sieht uns schon und wer kennt uns?" (Jes 29, 15)

Was auch immer man über moderne Hochleistungsmedizin denken mag, diese Sorte altorientalischer Heimlichtuerei ist ihre Sache nicht: im Gegenteil, die klinische, angewandte Medizin ist ein hochgradig öffentlichkeitsaffines Fach, das gerade auf Wahrnehmung und Bekanntheit der Fach- und Verbandsvertreter auf allen Ebenen einen exzeptionell hohen Wert legt. Umgekehrt gilt: Die Öffentlichkeit ist an den Innovationen klinischer Medizin breitenwirksam und dauerhaft interessiert, da sie gesellschaftsweit und individuell zugleich einen Machbarkeitshorizont aufspannen, innerhalb dessen eigene Erwartungen an die Gesundheitsversorgung kalibriert werden. Dieses Spezifikum klinisch-medizinischer Wissenschaft hat erhebliche Folgen für die Ausübung der Wissenschaftsfreiheit, die im Folgenden kurz erörtert werden sollen.

1. Der Homo Ludens und die Spielräume klinischer Wissenschaft

Der Homo Ludens ist nach seinem Erfinder Johan Huizinga ein Wesen, das der Reformulierung und Durchsetzung kultureller Verhaltensweisen und Normierungen vorausliegt, oder anders ausgedrückt: alle kulturellen Regeln, die – auch mit Schroffheit und juristischem Nachdruck durchgesetzt – unsere Gesellschaft bestimmen, sind nach dieser Lesart Produkt der kreativ-spielerischen Überarbeitung von Vorformen ebendieser Regeln – und unterliegen weiter der kreativen Überarbeitung.[1]

Nicht zufällig drängt sich der Abfolge von kultureller Regel und spielerischer Überformung die Analogie von Krankenbett (bedside) und medizinischem Laboratorium (bench) auf. Zwar erscheinen schulmedizinische Rezepturen gelegentlich als festgefahren und unveränderbar, jedoch können sich Routinen gesellschaftsweit rasch ändern, wenn es der medizinische Fortschritt nahe legt – so beispielsweise bei der Herzinfarktbehandlung durch Thrombolytika und Herzkatheter – oder wenn es die Situation erfordert – so bei der Schutzimpfung gegen die als gefährlich eingestufte Vogelgrippe im Herbst 2009. Hier zeigt sich die ganze Bandbreite der Reaktionsmöglichkeiten – von hoher Alarmiertheit, präpanischen Zuständen bis zu erlahmender Motivation – innerhalb weniger Wochen.

Ein wesentlich langsamerer Prozess, der bereits vor Jahren begann, besteht in der Anwendung von Gendiagnostik für die Risikoabschätzung von Patienten, z. B. für maligne, potenziell lebensbedrohliche Rhythmusstörungen. Liegen bestimmte Mutationen für die einschlägigen Ionenkanäle vor, so ist das Risiko eines plötzlichen Herztodes nach Erkenntnissen der Pathophysiologie und Genetik hoch – und es wird nach entsprechender Aufklärung/Einwilligung ein interner Defibrillator implantiert, der im Fall des Eintritts einer solchen Rhythmusstörung mittels eines kleinen Stromschlages rhythmologisch die Reset-Taste drückt.

Warum diese Entwicklung beispielhaft hervorzuheben ist? Der Grund hierfür liegt in der vom Homo Ludens an der bench (Labor) zunächst neu definierten Risikokonstellation, der im zweiten Schritt in genetischen Studien ein therapiepflichtiger Krankheitswert zugeschrieben wird, da in dieser Konstellation ein abwartendes Verhalten für den Merkmalsträger ein unbillig hohes Risiko für das Erleiden des Herztodes mit sich bringt. In der Tat hat in diesem Fall die Gen-

---

1 Johan Huizinga: Homo ludens. Proeve eener bepaling van het spelelement der cultuur, Haarlem 1938; aktuellste Übersetzung: Homo ludens. Vom Ursprung der Kultur im Spiel. In engster Zusammenarbeit mit dem Verfasser aus dem Niederländischen übertragen von Hans Nachod. Mit einem Nachwort von Andreas Flitner, 22. Auflage, Reinbek bei Hamburg 2011.

diagnostik die bisherigen Vergegenständlichungen der Diagnose Herzrhythmusstörung erheblich bereichert und die Primärprävention, also die Prävention vor dem ersten Krankheitssymptom etabliert. Ohne den Homo Ludens wäre die Fantasie, den Krankheitsbegriff auf genetische Prädispositionen auszudehnen und diese nach phänotypischer Testung auch zu behandeln, schwerlich vorstellbar. Ebenso wenig sind die Quantensprünge in der Herzinfarkt-Therapie oder die ausgezeichnete Impfregalsortierung der Pharmafirmen vorstellbar ohne die notwendigen wissenschaftlichen Vorleistungen (bench), die sich dann in die Klinik übertragen lassen (Translation) oder im Notfall abrufbar sind (Impfprophylaxe).

Neben dieser revolutionären Therapiekategorie einer Risikodisposition (für die es natürlich auch aus anderen Medizinbereichen wie der Krebstherapie einige aktuelle Beispiele gibt), werden Fortschritte häufig eher evolutionär, d. h. durch genauere klinische Analyse der Verläufe und Therapieeffekte sowie immer subtilere, differenziertere Kombination unterschiedlicher Therapiemodalitäten erreicht. Ein Beispiel hierfür ist die Mukoviszidose, ein häufiger Gendefekt eines Chloridkanals, mit unterschiedlichen Organbefallsmustern, aber immer rezidivierenden Lungeninfekten. Die Mukoviszidose ist bis heute nicht ursächlich behandelbar – das wäre nur durch somatische Gentherapie möglich, die jedoch viel länger auf sich warten lässt als prognostiziert. Vielmehr ist es die konsequente antibiotische Therapie, teilweise auch mit Aerosolen, die die Lebenserwartung der Patienten auf das doppelte bis dreifache der therapienaiven Patienten ansteigen lässt – immer noch keine Normalisierung, jedoch eine kontinuierliche Verbesserung, die abseits der Durchbrüche stetig vorangeht und von allen Parallelentwicklungen, die sich abspielen (bis hin zur Lungentransplantation), Gebrauch macht.

Wie man sehen kann, kennt der Homo Ludens in der klinischen Wissenschaft unterschiedliche Spielarten – einmal grundlagennäher und spektakulärer, einmal mehr beobachtend und kontinuierlich optimierend – und selbstredend gibt es zwischen diesen Idealtypen alle Arten von Zwischenformen. Gemeinsamkeit der Bemühungen ist die klinische Verbesserung von Diagnose (Krankheitserkennung) und Therapie, die sich am Idealfall der Normalisierung der Lebenserwartung und -qualität (= Heilung, Restitutio ad integrum) orientiert. In den Worten eines universalisierenden Mediziner-Codex der Antike, der Hippokrates von Kos, einem frühen Vertreter, wenn nicht Begründer der empirischen Medizin, zugeschrieben wird: „Ärztliche Verordnungen werde ich treffen zum Nutzen der Kranken nach meiner Fähigkeit und meinem Urteil, hüten aber werde ich mich davor, sie zum Schaden und in unrechter Weise anzuwenden."[2]

2. Die Grenzen der Wissenschaftsfreiheit in der Medizin

Blickt man auf die genannten Beispiele, so erscheinen die Kombinationsmöglichkeiten von neuen grundlagenwissenschaftlichen Erkenntnissen und klinischer Anwendung prinzipiell so unerschöpflich wie die Wissenschaftsfreiheit selbst – die Anordnung der medizinischen Wissenschaft nicht in dieser Freiheit, sondern zwischen ihr und den bekannten Anwendungsbeschränkungen und Nebenwirkungen wäre somit falsch gewählt. Nun ist plausibel, dass nicht jede neue Erkenntnis aus der Grundlagenforschung in die klinische Medizin umgesetzt werden kann, die klinischen Anwendungsbedingungen eine Art Filter für die Umsetzung von Innovationen aus der Grundlagenforschung darstellen. Von Interesse könnte allerdings schon die Frage sein, ob die Einschränkungen der medizinischen Wissenschaft allein in den extrinsischen, zumeist juristischen Hürden vor der Anwendung am Menschen bestehen oder ob bereits der Forschungsgegenstand intrinsisch bestimmte spielerische Rekombinationen natürlicher sowie artifizieller Arzneimittel oder Implantationsmaterialien nicht zulässt.

Bezüglich der ersteren Alternative, der Beschränkungen der Wissenschaftsfreiheit durch die Regelwerke für den Anwendungsfall, gibt es ein hohes Maß an Evidenz.

Zunächst gibt es Therapieprinzipien, die an den rechtlichen Rahmenbedingungen anschlagen, die bei der Umsetzung von der Grundlagenwissenschaft in die Klinik einzuhalten sind. Hier ist nicht nur die humane Stammzellforschung bei der Forschung mit embryonalen Stammzellen durch das Embryonenschutzgesetz eingeschränkt – also der Fall, bei dem die Forschung selbst bereits als regelungsrelevant in Erscheinung tritt. In anderen Fällen ist die Umsetzung in die Klinik (bedside) der problematische Schritt. Dies betrifft z. B. die Lebendspende von Nieren für die Transplantation, die erst durch die im Transplantationsgesetz eingeräumten Möglichkeiten rechtlich durchführbar erschien. Ebenso

---

[2] Hippokrates: Der Eid, in: ders.: Ausgewählte Schriften. Aus dem Griechischen übersetzt und hg. von Hans Diller. Mit einem bibliographischen Anhang von Karl-Heinz Leven, Stuttgart 1994, S. 8–10, hier S. 8.

hat in früheren Jahren die Feststellung des Hirntodes als Voraussetzung der postmortalen Organentnahme der klinischen Evaluation und rechtlichen Regelung bedurft.

Die hier versammelten Beispiele beinhalten cum granu salis einen zentralen Sachverhalt: Durch rechtliche Regelungen erhalten strittige Therapieverfahren erst einen festen Korridor, innerhalb dessen sie korrekterweise durchführbar sind. Dabei sind die gesellschaftlichen Konflikte nicht unbedingt zum Verschwinden gebracht und werden bei entsprechend sich bietender Gelegenheit wieder entfacht. So hat das Transplantationsgesetz dem Absinken der Fallzahlen für postmortale Transplantationen nicht Einhalt gebieten können, so hat das Stammzellgesetz von 2002 einen Stichtag der Herstellung der einführbaren Stammzelllinien festgelegt, der in der nächsten Fassung auf 2007 verschoben wurde, diese Reihe ließe sich fortführen.

Allerdings haben ethische Konflikte und deren rechtliche Regelungen nicht nur direkte Wirkungen auf die regulierten Sachverhalte. Vielmehr wird die grundlagenorientierte Anwendungsforschung aufgrund der dann häufig sogenannten „ethischen Problematik" versuchen, alternative Methoden der Herstellung von Arzneimitteln (z. B. adulte Stammzellen) oder der Organtherapie (Regeneration statt Transplantation?!) zu etablieren. Hauptkriterium der alternativen Methoden wäre in dieser Perspektive die „ethische Unbedenklichkeit" z. B. von alternativen Stammzellquellen etc. Hier nimmt die Gesellschaft bzw. die Politik über die Instrumente der Forschungsförderung zum zweiten Mal (nach den rechtlichen Regelungen) erheblich Einfluss auf die Übersetzung (Translationale Medizin) der Erkenntnisse von bench zu bedside.

Aber auch intrinsische Gründe können gegen die Anwendung von neuen Arzneimitteln oder Implantationsmaterialien sprechen. Schließlich verlangt das Nichtschadensprinzip danach, Arsen nur in geringsten Dosen gegen bestimmte Infektionskrankheiten, wie von Paul Ehrlich als erstes Antibiotikum gegen Syphilis, einzusetzen – größere Mengen führen rasch zu Vergiftungen, wie aus der Kriminalgeschichte, aber auch aus Trinkwasservergiftungen in Entwicklungsländern hinlänglich bekannt. Das HI-Virus kann – trotz seiner faszinierenden biologischen Wirksamkeit – nicht einfach als Vehikel für Gentherapie verwendet werden; wenn man ihm aber alle evolutionär angesammelten Informationen zum destruierenden Selbsterhalt im Wirtsorganismus herausmontiert, kann man das übrig bleibende Lentivirus sehr wohl in heutigen Gentherapiestudien am Menschen finden etc. Die Vereinbarkeit mit der Integrität des menschlichen Körpers ist die zentrale intrinsische Voraussetzung für die erfolgreiche Anwendung klinischer Wissenschaft.

An dieser Stelle – der Kompatibilität mit der Physis des Patienten – lassen sich die Hippokrates zugeschriebenen, oben genannten Prinzipien des medizinischen Nutzens bzw. zumindest des Nicht-Schadens als intrinsische Prüfkriterien festmachen; wenn die Translation einer neuen Behandlungsmethode in präklinischen Tierversuchen oder früher klinischer Phase-I/II-Testung ein unvorteilhaftes Nebenwirkungsprofil aufweist, wird die Erprobung in einer zulassungsrelevanten Phase-III-Studie von den zuständigen Behörden nicht genehmigt. Dies trifft für viele pharmakologische Prinzipien zu, die entweder keinen Wirkungsnachweis oder ein unvorteilhaftes Nebenwirkungsprofil mit sich bringen – oder sich gegenüber dem erreichten Therapiestandard als Rückschritt erweisen. Diese Hürde liegt in der klinischen Prüfung nach der Laborarbeit (bench), jedoch vor der Markteinführung in der sogenannten Studienmedizin. In seltenen Fällen liegen Nutzen und Risiko so eng beieinander, dass die Genehmigungsbehörden erst nach der Markteinführung einschreiten und die Genehmigung zurückziehen, wenn sich die Schadensfälle häufen – selbst wenn sich die Wirkung millionenfach bestätigt (z. B. Cyclooxygenase-2-Inhibitoren als Schmerzmittel, die das Herzinfarktrisiko signifikant erhöht haben).

Suggeriert nun die Skizzierung der extrinsischen und intrinsischen Grenzziehungen, dass das Feld der medizinischen Forschung zusammen mit den Einschränkungen der Wissenschaftsfreiheit durch das ärztliche Ethos ein steiniges, wenig fruchtbares ist, so lassen sich generationsspezifisch jedoch auch Durchbrüche nachzeichnen, die denjenigen in der anwendungsunabhängigen Wissenschaft um nichts nachstehen – im Gegenteil: vieles, was in den letzten Jahren mit dem medizinischen Nobelpreis ausgezeichnet worden ist, hat die zumindest potenzielle Translation in die klinische Anwendung implizit oder ganz explizit (z. B. zur Hausen) unterstellt. Denn: die Verpflichtung auf die Regeln der Anwendung ist nicht nur Einschränkung, sie ist im Erfolgsfall zugleich das Tor zur therapeutischen Umsetzung, hinter dem zunächst keine weiteren Hürden lauern – bis zum Erreichen des therapeutischen Sättigungsgrads (also wenn alle Patienten erfolgreich behandelt sind). So sind z. B. in meinem Fach, der Kardiologie, generationsspezifisch zwei Durchbrüche gelungen, die das Wesen des Fachs grundsätzlich verändert haben und den Begriff der „konservativen Inneren Medizin“ signifikant erweitern. Noch einmal Hippokrates, in diesem Sinne Vater der Inneren Medizin:

„Ich werde nicht schneiden, sogar Steinleidende nicht, sondern werde das den Männern überlassen, die dieses Handwerk ausüben."[3] Im Fall der Herzerkrankungen wären dies die Herzchirurgen, die von alters her – nun gut, seit 1952 für die Aortenklappen und seit 1967 für die aortokoronaren Bypässe – einstehen. Beide Domänen der Herzchirurgie sind nun durch internistisch-klinische Forscher transzendiert worden: zum einen Andreas Grüntzig, den Begründer der Ballondilatation zur Behandlung von Engstellen in den Herzkranzgefäßen (1977), zum anderen Alain Cribier, den Erfinder der katheterbasierten Aortenklappe und Träger des diesjährigen Andreas-Grüntzig-Preises für interventionelle Kardiologie.

An dieser Stelle soll nur sporadisch auf letzteren eingegangen werden: Abgestoßen von der weithin geübten Triage, angejahrten Patienten mit hochgradiger Aortenstenose die angezeigte Klappenoperation zu verweigern, begann der Kliniker 1988 mit Systemen zu experimentieren, die eine Ersatzklappe ohne Operation mittels Katheter an den Bestimmungsort am Übergang von Herz zu Hauptschlagader manövrieren können. Ein Jahrzehnt der Ablehnung durch verschiedenste Unternehmen ließ das Haupthaar schlohweiß werden, dann kam es 1999 zu einem Treffen mit dem großen kardiologischen physician entrepreneur Martin Leon und bald danach zur Gründung einer start-up-company (Percutaneous Valve Technology). Drei Jahre später, 2002, erfolgte die erste Anwendung am Menschen, einem 57-jährigen Patienten mit höchstgradiger Herzschwäche. Der Eingriff gelang, zwei Stunden später saß der Patient mit einem Glas Champagner in seinem Krankenbett, und der Siegeszug der TAVI begann. 2004 wurde die Company von Edwards aufgekauft, ab 2005 wurde das System in Deutschland angewandt und verfeinert, 2010 wurde die große Anwendungsstudie PARTNERS mit 1300 Patienten im renommierten „New England Journal of Medicine" als positiv veröffentlicht – zu diesem Zeitpunkt ist der Run auf die Technologie an kardiologischen Zentren in Deutschland bereits in vollem Gange.

Dies Beispiel soll zeigen: Die Anwendungsbeschränkung der Wissenschaftsfreiheit im klinischen Kontext birgt im Vergleich zur „reinen" Grundlagenforschung der Lebenswissenschaften Einschränkungen, die sich aus der Kompatibilität mit dem menschlichen Organismus, rechtlichen Bestimmungen sowie ethischen Konfliktfeldern und der Knappheit finanzieller Ressourcen ergeben. Diese Restriktionen sind teils extrinsischer Natur und aus dem Normensystem des

---

[3] Ebd., S. 9.

gesellschaftlichen Umfeldes abgeleitet, zum anderen jedoch dem Forschungsgegenstand, dem Menschen als Objekt der therapeutischen Anwendung und der jeweilig zeitgenössischen Auffassung von dessen therapeutischem Zumutbarkeitspotential geschuldet. Die Hürden, die durch beiderlei Arten von Beschränkungen aufgerichtet sind, sind allerdings überwindbar, und die Dynamik, die sich mit einem gelungenen medizinischen Paradigmenwechsel verbindet, ist erheblich.

Das bedeutet nicht zwangsläufig eine Einschränkung für die klinische oder translationale Forschung, denn: der Handlungsrahmen ist gegenüber anderen Wissenschaften teilweise erheblich weiter gesteckt und macht bekanntlich – Regelkonformität vorausgesetzt – auch vor der ihrerseits hochgradig grundrechtlich abgesicherten Sphäre körperlicher Integrität nicht halt. Insofern ist die Penetranz bei der klinischen Forschung im Vergleich zu anderen Lebenswissenschaften deutlich erhöht.

Wie wirkt sich die Dynamik der medizinisch-klinischen Forschung auf unser Bewusstsein von Gesundheit aus?

3. Was kann ich erwarten? Die zweite Frage Kants im Licht medizinischer Innovationen

Zu Recht haben meine Kinder im Alter von sieben und neun Jahren nach dem Hinweis, im Mittelalter habe die durchschnittliche Lebenserwartung um die 30 Jahre betragen, gefragt, ob die Menschen denn damals keine gute medizinische Versorgung gehabt hätten. Zu eng ist der Anstieg der Lebenserwartung, der seit 1840 in Mitteleuropa über 40 Lebensjahre umfasst, mit der medizinischen Durchdringung der Gesellschaft verbunden. Begleitend hat sich in der Gesellschaft ein dramatischer Einstellungswandel zu dem Wert individuellen Lebens vollzogen, der mit der grundsätzlichen Bezugnahme auf die Menschenwürde als regulativer Idee seinen zusammenfassenden Ausdruck gefunden hat. Auch wenn gelegentlich gattungsbegriffliche Einträge die Debatten um die unterschiedlichen, ja sich bisweilen widersprechenden Derivate der Menschenwürde im Kontext der angewandten Medizin prägen: ohne Bezugnahme auf die modernitätsspezifische Aufwertung von Lebenserwartung und -qualität wäre der Erfolg dieser regulativen Idee meines Erachtens kaum nachvollziehbar. Dieser Zuwachs hat zusammen mit anderen Modernisierungsschüben (Zurückdrängung der körperlichen Arbeit, Informationszugang, Mobilität) zu einer Fülle von Einstellungswandeln geführt, die sich soziologisch zu dem „säkularen Zeitalter“[4] verdichten. Charakteristisch hierfür ist die Entstehung einer „abgepufferten Identität“, die sich zunächst einmal von allen Arten existenzieller Imperative schlicht unabhängig gemacht hat – eine zeitgenössische Aufnahme dieses immensen Zuwachses in den individuellen Erwartungshorizont. Wird die zweite kantische Frage – was kann ich erwarten? – in diesem Licht betrachtet, so wirkt die jährlich um 0,8% ansteigende Lebenserwartung als entlastende Normalität. Dass diese Norm unter einer erheblichen Schwankungsbreite zustande kommt, wirkt als Normabweichung, deren Korrektur nun wieder der angewandten Medizin angetragen wird. Es gehört zum Wesen der angewandten Medizin, sich dieser Problematik bewusst zu sein und sich durch wissenschaftliche Aktivität den gesellschaftlichen Erwartungen zu stellen. Es gehört allerdings auch zu den Einsichten in die Funktionsweise angewandter Wissenschaft, dass Planbarkeit und Stetigkeit nicht zu den Kennzeichen medizinischen Fortschritts zu zählen sind. Mit anderen Worten: so sehr sich die medizinische Wissenschaft aktuell den drängenden Problemen der krankheitsbedingten Frühsterblichkeit, allen voran durch Tumorerkrankungen, stellt, so wenig kann von einer prognostisch absehbaren Lösung dieses oder ähnlicher Probleme ausgegangen werden. Diese grobe Näherung gilt allgemein und stabilisiert die Erwartungshaltungen aller – der Betroffenen sowie der Verschonten. Davon unbeeinträchtigt wird aber der Behandlungserfolg bei kleineren Spezialgruppen (Patienten mit Immundefekten, Patienten mit angeborenen Herzfehlern, über 80-Jährige mit Aortenstenose) jeweils ohne Aufhebens goutiert – ein Sachverhalt, der wiederum als gelungene Annäherung an die Norm meist zufrieden-leise Zustimmung findet.

Auffälliger hingegen wirkt die Erschütterung der Erwartungshaltung durch tatsächliche oder vermeintliche Einbrüche in die Stabilität der gesellschaftsspezifischen Lebenserwartungen, die jeweils eine starke Forderung nach Problemelimination zur Folge hat: sei es bei der tatsächlichen Pandemie HIV, sei es bei der vermeintlichen Pandemie Vogelgrippe, sei es bei der vermutet infektiösen Übertragung der Neurodegeneration von BSE. Hier ist die Gesellschaft auf rasche Abhilfe durch Mediziner, genauer Infektiologen angewiesen. Es spricht für die Leistungskraft jener Subspezialität der angewandten Medizin, die prognostizierten Hiobsszenarien abgewendet zu haben, auch wenn die notwendigen Lern-

---

4 Charles Taylor: Ein säkulares Zeitalter. Aus dem Englischen von Joachim Schulte, Frankfurt a. M. 2009.

prozesse keineswegs zum Nulltarif erworben wurden und im Fall der HIV-Erkrankung wirksame Impfstoffe nach wie vor fehlen.

Mit diesen akuten Bedrohungsszenarien wird der dem säkularen Zeitalter zugrundeliegende Erwartungshorizont ebenso berührt wie mit Projektionen, die die metabolischen Erkrankungen von übergewichtigen Jugendlichen als schleichenden, prognostisch ungünstigen Faktor markieren (verfrühter Diabetes mellitus, verfrühter Herzinfarkt etc.), der dem bisher stetigen Anstieg der Lebenserwartung zuwiderläuft.

Zusammenfassung

Medizinische Wissenschaft ist Wissenschaft im allgemeinen Sinn in der Hinsicht, dass sie die Wissenschaftsfreiheit in Anspruch nimmt, um produktiv zu werden und innovative Diagnose- und Therapiekonzepte zu erarbeiten. Sie ist untypische Wissenschaft in der Hinsicht, dass sie bei der Umsetzung an die rechtlichen Rahmenbedingungen der klinischen Prüfung (Arzneimittelrecht, Medizinproduktegesetz) sowie der Sondergesetzgebung (Embryonenschutzgesetz, Stammzellgesetz, Biologische Sicherheit, GMP) gebunden ist. Da der Anwendungsfall direktes Ziel der medizinischen Forschung ist, wird die Anwendersicherheit oberhalb der methodischen Sophistik, die die Grundlagenwissenschaft beherrscht, angeordnet. Der Anwendungskontext, der menschliche Organismus, stellt eine eigene Herausforderung dar, die zusätzlich alters- und geschlechtsspezifisch Imponderabilien bereithält. Andererseits gilt: sind in der klinischen Prüfung Wirknachweis und günstiges Nebenwirkungsprofil erwiesen, so kann die medizinische Forschung eine gelungene Translation bejubeln und bedarf keiner weiteren Rechtfertigung mehr auf dem Weg in die Praxis.

Diese eigentümliche Janusköpfigkeit lässt die medizinische Forschung gegenüber der reinen Grundlagenwissenschaft als nachgeordnet erscheinen. Noch einmal: Bezüglich der Nobelpreise möchte das – mit renommierten Ausnahmen – als gerechtfertigt erscheinen; bezüglich der Translation von Grundlagenerkenntnissen in die Klink hat die medizinische Forschung jedoch eine eigene Sachkompetenz, die von den Editoren großer US-Wissenschaftszeitschriften (z. B. „The Journal of Clinical Investigation") mit großer Regelmäßigkeit eingefordert wird in Gestalt des „physician scientist". In Deutschland gibt es diese Spezies tatsächlich in der universitären Medizin nicht so selten. Auch gibt es mittlerweile Förderprogramme, die diese Spezies in der Umsetzung innovativer

Diagnostik- oder Therapieansätze stärken sollen – aber, wie erwähnt, ist der Durchbruch in der medizinischen Forschung mindestens ebenso wenig planbar wie in anderen, „reinen“ Wissenschaften.

Subjektive und objektive Dimensionen der Wissenschaftsfreiheit

Ino Augsberg

1.

Die Debatte um die Wissenschaftsfreiheit gemäß Art. 5 Abs. 3 S. 1 GG hat gegenwärtig unverkennbar Konjunktur: Nicht nur vor Gericht wird über entsprechende Problemkonstellationen heftig gestritten,[1] eine lebhafte Diskussion erfolgt vielmehr ebenso in den wissenschaftlichen Foren[2] und reicht bis in die Massenmedien hinein.[3] Ebenso unverkennbar ist, dass die aktuellen Auseinandersetzungen sich nicht allein oder zumindest primär auf inhaltliche Fragen der Zulässigkeit wissenschaft-

---

[1] Vgl. etwa BVerfGE 111, 333 – Brandenburgisches Hochschulgesetz; BVerwGE 135, 286 – Niedersächsische Stiftungshochschule; zuletzt BVerfG, Beschluss vom 20.07.2010, Az. 1 BvR 748/06 – Hamburger Hochschulgesetz, abgedruckt in: JuristenZeitung 66 (2011), S. 308–313 (dazu näher unten, 8. Abschnitt).

[2] Vgl. zu den hochschulorganisationsrechtlichen Debatten nur einerseits Detlef Müller-Böling: Die entfesselte Hochschule, Gütersloh 2000, S. 37 ff., sowie Erich Hödl, Wolf Zegelin: Hochschulreform und Hochschulmanagement, Marburg 1999, S. 131 ff., und andererseits Klaus Ferdinand Gärditz: Hochschulmanagement und Wissenschaftsadäquanz, in: Neue Zeitschrift für Verwaltungsrecht 24 (2005), S. 407–410, sowie Karl-Heinz Ladeur: Die Wissenschaftsfreiheit der „entfesselten Hochschule" – Umgestaltung der Hochschulen nach Ermessen des Staates?, in: Die öffentliche Verwaltung 58 (2005), S. 753–764; für inhaltliche Auseinandersetzungen etwa Harald Dähne: Forschung zwischen Wissenschaftsfreiheit und Wirtschaftsfreiheit. Dargestellt anhand der Forschung und Verwertung ihrer Erkenntnisse in der Bio- und Gentechnik, Berlin 2007; vor dem Hintergrund der wissenschaftspolitischen Ambitionen der EU Josef Franz Lindner: Die Europäisierung des Wissenschaftsrechts, Tübingen 2009.

[3] Vgl. etwa die regelmäßigen Diskussionen über Fragen der Hochschulorganisation im Allgemeinen und die Einführung der Bachelor-Studiengänge im Besonderen, die in der Frankfurter Allgemeinen Zeitung auf der Seite „Bildungswelten" geführt werden.

licher Forschung, etwa im Bereich der Gentechnik,[4] beziehen, sondern zum großen Teil eine Folge der hochschulpolitischen Reformversuche in den letzten Jahren darstellen.[5] Die Wissenschaftsfreiheitsgarantie wird ins Feld geführt, um Veränderungen der Hochschullandschaft als verfassungswidrig zu charakterisieren. In Frage steht, inwieweit sich aus dem Grundrecht konkrete Vorgaben für die Hochschulorganisation ableiten lassen, die der einfache Gesetzgeber beachten muss.[6] Damit reiht sich die gegenwärtige Debatte ein in entsprechende Auseinandersetzungen in der Vergangenheit, in denen ebenfalls versucht wurde, das Grundrecht für den Widerstand gegen Umgestaltungen der Hochschulorganisation zu mobilisieren.[7]

Anstatt in einer derartigen Perspektive konkret an einzelnen Reformvorhaben anzusetzen und diese vor der Folie der überkommenen Dogmatik des Art. 5 Abs. 3 GG auf ihre verfassungsrechtliche Relevanz hin zu analysieren, möchte ich die gegenwärtige Debatte zum Anlass nehmen, um im Folgenden noch einmal grundsätzlich nach Funktion und Bedeutung der Wissenschaftsfreiheit im modernen Verfassungsstaat und den daraus resultierenden Konsequenzen für die Bestimmung des Schutzbereichs und der Grundrechtsdimensionen zu fragen. Damit rückt über die klassisch-savignyschen Interpretationscanones des Wortlauts der Norm, ihrer Entstehungsgeschichte und systematischen Verortung im Verfassungsganzen hinaus vor allem der ebenfalls kanoni-

---

[4] Vgl. dazu jetzt aber BVerfG, Urteil vom 24.11.2010, Az. 1 BvF 2/05 – Gentechnikgesetz (Teilabdruck [der Entscheidungsgründe, ohne Sachverhaltsschilderung]), in: Neue Zeitschrift für Verwaltungsrecht 30 (2011), S. 94–113.

[5] Vgl. im Überblick nur Wolfgang Kahl: Hochschule und Staat. Entwicklungsgeschichtliche Betrachtungen eines schwierigen Rechtsverhältnisses unter besonderer Berücksichtigung von Aufsichtsfragen, Tübingen 2004, S. 1 ff., S. 92 ff., sowie Winfried Kluth: Der Übergang von der selbstverwalteten Gruppenuniversität zur Hochschule als autonomer Forschungs- und Dienstleistungseinheit. Überblick und Analyse der unterschiedlichen Reformansätze in Landeshochschulgesetzen im Zeitraum 1998 bis 2004, in: Recht der Jugend und des Bildungswesens 52 (2004), S. 174–189.

[6] Vgl. dazu nur Klaus Ferdinand Gärditz: Hochschulorganisation und verwaltungsrechtliche Systembildung, Tübingen 2009, S. 274 ff.; Peter Michael Huber: Staat und Wissenschaft, Paderborn u. a. 2008, S. 63 ff.

[7] Vgl. dazu im Überblick nur Rupert Scholz: Art. 5 Abs. 3 GG, in: Theodor Maunz, Günter Dürig (Hg.): Grundgesetz. Kommentar, München (Loseblatt, Stand: 2009), Rn. 151 ff.; ferner Wolfgang Kahl: Hochschule und Staat (wie Anm. 5), S. 69 ff.

sche teleologische Erklärungsansatz ins Zentrum der Betrachtung. Es wird sich jedoch zeigen, dass gerade die konsequent funktionale Analyse, die zugleich aktuellen wissenschaftssoziologischen Erkenntnissen und wissenschaftsinternen – nicht nur politisch induzierten – Entwicklungen Rechnung trägt,[8] zu einem Verständnis des Grundrechts führt, das sich wieder verstärkt auf den differenzierten Wortlaut der Norm besinnt. Die damit ermöglichte differenzierte juristische Bearbeitung der individuellen wie der institutionellen Erscheinungsformen von Wissenschaft trägt der spezifischen Relevanz der Organisation von Wissenschaft Rechnung: Denn die Frage nach wissenschaftsadäquaten Organisationsstrukturen bildet gegenüber den im engeren Sinne inhaltlichen Fragestellungen kein sekundäres Phänomen; vielmehr schlagen die Organisationsformen von Wissenschaft auf die Wissensordnung in der modernen Gesellschaft insgesamt zurück und bestimmen damit über deren Fähigkeit, den Strukturwandel zur „Wissensgesellschaft“ zu vollziehen.[9]

2.

Wen und wovor also schützt die grundrechtlich garantierte Freiheit der Wissenschaft? Wie weit reicht der Gewährleistungsgehalt des Art. 5 Abs. 3 S. 1 GG? Welche individuellen oder institutionellen Garantien, objektiven oder subjektiven Schutzdimensionen[10] sind von ihm erfasst? Wie so oft gibt der lapidare Wortlaut des Grundgesetztexts dafür nur wenig Anhaltspunkte: „Kunst und Wissenschaft, Forschung und Lehre sind frei.“ Immerhin könnte man stutzig werden ob der offenbar für erforderlich erachteten Unterscheidung von Wissenschaft einer- und Forschung und Lehre andererseits. Das in dieser terminologischen Unterscheidung liegende Potential, entsprechende Sachdifferenzierungen

---

[8] Vgl. zum Erfordernis der Integration wissenschaftstheoretischer Erkenntnisse in die rechtswissenschaftliche Bestimmung der Wissenschaftsfreiheit Eberhard Schmidt-Aßmann: Wissenschaftsrecht im Ordnungsrahmen des öffentlichen Rechts, in: JuristenZeitung 45 (1989), S. 205–211, hier S. 207.

[9] Vgl. Peter Weingart: Die Stunde der Wahrheit? Zum Verhältnis der Wissenschaft zu Politik, Wirtschaft und Medien in der Wissensgesellschaft, Weilerswist 2001, S. 11 ff.

[10] Vgl. zu dieser Unterscheidung allgemein Horst Dreier: Dimensionen der Grundrechte. Von der Wertordnungsjudikatur zu den objektiv-rechtlichen Grundrechtsgehalten, Hannover 1993, passim, v. a. S. 27 ff.

zu entwickeln, hat das Bundesverfassungsgericht in seiner Judikatur allerdings nicht aufgegriffen. Es synthetisiert die Termini vielmehr, indem es Wissenschaft als Einheit von Forschung und Lehre bestimmt und dementsprechend Wissenschaft als „gemeinsamen Oberbegriff" der „wissenschaftlichen Forschung" und der „wissenschaftlichen Lehre" versteht.[11] Historisch mag das – Stichwort Humboldt – plausibel erscheinen, mit Blick auf den schlichten Gesetzeswortlaut überzeugt es nicht. Jedenfalls wird die Aussagekraft des Wortlauts damit nicht erhöht. Wenig zwingend dürfte auch eine Lesart sein, die aus der Formulierung des Art. 5 Abs. 3 S. 1 GG, der unmittelbar die zu schützenden Sachbereiche und nicht, wie etwa Art. 5 Abs. 1 S. 1 GG („Jeder hat das Recht [...]"), die in diesen Bereichen tätigen Personen adressiert, auf die objektiv-institutionelle Dimension des Grundrechts schließt.[12] Denn entsprechende objektivierende Formulierungen finden sich auch in anderen Grundrechtsverbürgungen – etwa in Art. 13 Abs. 1 GG: „Die Wohnung ist unverletzlich." –, ohne dass daraus eine entsprechende entpersonalisiert-institutionelle Schutzdimension abgeleitet wird.[13]

---

[11] Vgl. etwa BVerfGE 35, 79 (113); dazu Ute Mager: Freiheit von Forschung und Lehre, in: Josef Isensee, Paul Kirchhof (Hg.): Handbuch des Staatsrechts der Bundesrepublik Deutschland, Band VII, 3. Auflage, Heidelberg 2009, § 166, S. 1075–1109, hier S. 1079.

[12] In diese Richtung dürfte aber das Verfassungsgericht zu verstehen sein, wenn es formuliert: „Art. 5 Abs. 3 Satz 1 GG erklärt Wissenschaft, Forschung und Lehre für frei. Damit ist nach Wortlaut und Sinngehalt eine objektive, das Verhältnis von Wissenschaft, Forschung und Lehre zum Staat regelnde wertentscheidende Grundsatznorm aufgestellt [...]. Zugleich gewährt die Verfassungsbestimmung für jeden, der in diesen Bereichen tätig wird, ein individuelles Freiheitsrecht" (BVerfGE 35, 79 [112]). Schärfer noch Alexander Blankenagel: Wissenschaftsfreiheit aus der Sicht der Wissenschaftssoziologie. Zugleich ein Beitrag zum Problem der Privatuniversität, in: Archiv des öffentlichen Rechts 105 (1980), S. 35–78, hier S. 37 f.: „Art. 5 Abs. 3 GG gewährleistet eine Sache, einen Zustand, einen Bereich [...] nicht aber eine individuumsbezogene Verhaltensmöglichkeit."

[13] Eine dezidiert „inpersonale" Dimension des Grundrechtsschutzes ist jedoch, gerade mit Blick auf die dem Wortlaut des Grundrechts nach fehlenden personalen Grundrechtsträger, für die Pressefreiheit festgestellt worden, vgl. Helmut Ridder: Die soziale Ordnung des Grundgesetzes. Leitfaden zu den Grundrechten einer demokratischen Verfassung, Opladen 1975, S. 86 f. Dazu auch Karl-Heinz Ladeur: Helmut Ridders Konzeption der Meinungs- und Pressefreiheit in der Demokratie, in: Kritische Justiz 32 (1999), S. 281–294.

Die Frage, wie weit die Wissenschaftsfreiheit reicht, lässt sich daher nur in einer Zusammenschau der historischen Entstehung und Entwicklung der Grundrechtsverbürgung, ihrer systematischen Verortung im Grundgesetz und der spezifischen Funktion der Wissenschaftsfreiheit erörtern. Entgegen einem üblich gewordenen „Verfassungsgerichtspositivismus"[14] bildet dagegen im Folgenden die zur Wissenschaftsfreiheit ergangene verfassungsgerichtliche Judikatur nicht den Anfangs- wie Endpunkt der Analyse. Die einschlägige Rechtsprechung dient vielmehr nur als Folie, um die einzelnen Analysekriterien näher zu spezifizieren.

3.

In systematischer Hinsicht ist zunächst festzustellen, dass die Wissenschaftsfreiheit als Abs. 3 des Art. 5 GG, der in seinen Absätzen 1 und 2 die Meinungs-, Presse- und Rundfunkfreiheit sowie ihre Schranken thematisiert, verortet ist. Offenbar werden Kunst und Wissenschaft also den Kommunikationsfreiheiten im weiten Sinne zugeordnet. Historisch gesehen ist das einerseits erstaunlich, weil die Weimarer Verfassung eine selbständige Verbürgung der Wissenschaftsfreiheit in einem eigenen Artikel aufwies. Andererseits knüpft die Verortung an Weimarer Debatten an, hatte doch Rudolf Smend in seinem in vielerlei Hinsicht auch noch für die späteren Grundrechtsdebatten unter dem Grundgesetz wegweisenden Referat auf der Münchner Staatsrechtslehrertagung 1927 einleitend den engen Zusammenhang zwischen Meinungs- und Wissenschaftsfreiheit hervorgehoben und betont, dass letztere durchaus als Spezialfall der Meinungsfreiheit gesehen werden könne.[15] Im Hinter-

---

[14] Vgl. zur Kritik Bernhard Schlink: Die Entthronung der Staatsrechtswissenschaft durch die Verfassungsgerichtsbarkeit, in: Der Staat 28 (1989), S. 161–172, hier S. 162 f.; ferner Matthias Jestaedt: Verfassungsgerichtspositivismus. Die Ohnmacht des Verfassungsgesetzgebers im verfassungsgerichtlichen Jurisdiktionsstaat, in: Otto Depenheuer u. a. (Hg.): Nomos und Ethos. Hommage an Josef Isensee zum 65. Geburtstag von seinen Schülern, Berlin 2002, S. 183–228.

[15] Rudolf Smend: Das Recht der freien Meinungsäußerung, in: ders.: Staatsrechtliche Abhandlungen, 2., erw. Auflage, Berlin 1968, S. 89–118. Zu Smends Einfluss auf die Grundrechtsdiskussionen unter dem Grundgesetz Stefan Ruppert: Geschlossene Wertordnung? Zur Grundrechtstheorie Rudolf Smends, in: Thomas Henne, Arne Riedlinger (Hg.): Das Lüth-Urteil aus (rechts-)historischer Perspektive. Die Konflikte um Veit Harlan und die Grundrechtsjudikatur des Bundesverfassungsgerichts, Berlin 2005, S. 327–348.

grund dieser Auffassung steht allerdings ein noch weitgehend von der Lehrfreiheit her konzipiertes, aus den entsprechenden Auseinandersetzungen im 19. Jahrhundert herstammendes Wissenschaftsverständnis, das die wissenschaftliche Tätigkeit im Kontext politischer Konflikte der Zeit verortete. Die „akademische Freiheit ist", so konstatierte denn auch bereits Smend, „ein geschichtlich bedingtes Institut, das es vielleicht in absehbarer Zeit nicht mehr geben wird. [...] Es ist das Grundrecht W. v. Humboldts und der Göttinger Sieben".[16] Die Übertragbarkeit eines solchen Verständnisses auf die Bedingungen der modernen Gesellschaft erscheint demnach äußerst zweifelhaft.

4.

Die damit bereits aufgegriffene historische Perspektive leitet über zur Frage der Entstehungsgeschichte der Norm. Interessant ist in dieser Hinsicht zum einen eine Betrachtung der bereits erwähnten Vorgängerregelung der Weimarer Reichsverfassung. Zum anderen lohnt ein kurzer Blick auf die Beratungen des Grundgesetzes und die ersten Entwürfe zur Garantie der Wissenschaftsfreiheit im Konvent von Herrenchiemsee.[17]

Art. 142 der Weimarer Reichsverfassung (WRV) statuierte: „Die Kunst, die Wissenschaft und ihre Lehre sind frei. Der Staat gewährt ihnen Schutz und nimmt an ihrer Pflege teil." Insbesondere aus dem zweiten Satz der Norm wurde in den zeitgenössischen rechtswissenschaftlichen Diskussionen gefolgert, der Staat sei verpflichtet, die Stätten der Wissenschaft, d. h. die Universitäten, gesondert zu schützen und zu pflegen. Dass speziell die Pflege der Institution Universität sogar das Primärziel der Verbürgung sei, zeige auch die systematische Stellung der Norm, die nämlich nicht im Abschnitt „Die Einzelperson", sondern an der Spitze des Abschnitts „Bildung und Schule" platziert worden sei.[18] Konsequenterweise apostrophierte Smend, seinerseits im

---

[16] Rudolf Smend: Das Recht der freien Meinungsäußerung (wie Anm. 15), S. 109.

[17] Vgl. allgemein zur historischen Entwicklung nur Henning Zwirner: Zum Grundrecht der Wissenschaftsfreiheit, in: Archiv des öffentlichen Rechts 98 (1973), S. 313–339.

[18] Vgl. Rudolf Smend: Das Recht der freien Meinungsäußerung (wie Anm. 15), S. 109: „Das Grundrecht bedeutet vor allem die angemessene Rechtsstellung einer großen öffentlichen Institution. Es ist daher mit Recht in der Weimarer Ver-

Rückgriff auf Friedrich Paulsen,[19] in seinem Staatsrechtslehrerreferat die Wissenschaftsfreiheit als „Grundrecht der deutschen Universität".[20]

Bemerkenswerterweise wurde in den Beratungen zum Erlass des Grundgesetzes zwar der erste Satz von Art. 142 WRV beinahe wörtlich in den neuen Grundrechtsteil übernommen. Selbiges erfolgte bezüglich des Art. 142 S. 2 WRV aber gerade nicht. Die Wissenschaftsfreiheit verortete der Verfassungskonvent von Herrenchiemsee zwar zunächst in einem separaten Artikel 15, die neue Norm lehnte sich aber nur in Absatz 1 an die Vorgängerregelung an. Absatz 2 dagegen besagte: „Zum Schutz des menschlichen Zusammenlebens kann durch Gesetz die Nutzung wissenschaftlicher Erfindungen und technischer Einrichtungen unter staatliche Aufsicht gestellt, beschränkt oder untersagt werden."[21] Gerd Roellecke hat das Ende der 1960er Jahre als tendenzielle Umkehrung des Weimarer Schutzgedankens gelesen: „Dem Verfassungskonvent ging es [...] nicht um den Schutz der, sondern um den Schutz *vor* der Wissenschaft."[22] Die Konsequenzen, die Roellecke aus diesem Befund gezogen hat, sind drastisch: Für ihn bilden danach Kunst- wie Wissenschaftsfreiheit jeweils einen Unterfall der Meinungsfreiheit, der nur deshalb gesondert geschützt werden müsse, weil typischerweise im Bereich von Kunst und Wissenschaft staatliche Bedienstete tätig seien, die auf diese Weise vor Anweisungen hinsichtlich ihrer dienstlich zu vertretenden Meinungen geschützt

---

fassung von den individuellen und sozialen Freiheitsrechten getrennt, mit denen es ideengeschichtlich vielfach zusammenhängt." Ausdrücklich dagegen jedoch Gerhard Anschütz: Die Verfassung des Deutschen Reiches vom 11. August 1919, 14. Auflage, Berlin 1933, Nachdruck Darmstadt 1960, S. 665 f.: „Satz 2 [des Art. 142 WRV] ist ohne selbständige Bedeutung. [...] der Ausspruch ‚der Staat nimmt an ihrer Pflege teil' ist ein guter Vorsatz des Reiches, sowie eine Aufforderung an die Länder, aber kein Gebot mit rechtsverbindlicher Kraft."

19 Vgl. Friedrich Paulsen: Gesammelte pädagogische Abhandlungen, Stuttgart, Berlin 1912, S. 199.

20 Rudolf Smend: Das Recht der freien Meinungsäußerung (wie Anm. 15), S. 103 und S. 118; näher dazu Arnold Köttgen: Das Grundrecht der deutschen Universität, Göttingen 1959.

21 Vgl. Gerhard Leibholz, Hermann von Mangoldt (Hg.): Jahrbuch des öffentlichen Rechts der Gegenwart, Neue Folge, Band 1, Tübingen 1951, S. 89.

22 Gerd Roellecke: Wissenschaftsfreiheit als institutionelle Garantie?, in: Juristen-Zeitung 24 (1969), S. 726–733, hier S. 728.

werden könnten. „Art. 5 Abs. 3 GG sichert die *persönliche Meinungsfreiheit* auch in der staatlichen Kulturverwaltung.“[23]

5.

Auch diesseits einer solch radikalen Konsequenz, die dem Grundrecht des Art. 5 Abs. 3 GG kaum noch eine sachliche Eigenrelevanz übrig lässt und deswegen sofort scharf kritisiert wurde[24] – auch Roellecke selbst hat seine Ansicht später wieder revidiert[25] –, mag es angesichts des systematischen und historischen Befundes erstaunen, dass das Bundesverfassungsgericht dennoch auch Art. 5 Abs. 3 GG ausdrücklich nicht nur eine subjektiv-individuelle, sondern zudem eine objektiv-institutionelle Dimension entnommen hat und diese sogar als Vorgabe für spezifische Organisationsstrukturen der Universität begreift. Tatsächlich ist gerade diese Frage in der Geschichte der Rechtsprechung wie der wissenschaftlichen Debatte zu Art. 5 Abs. 3 GG sogar dominant: Verstärkte Auseinandersetzungen über die Reichweite der grundrechtlichen Gewährleistungen erfolgten zum einen ab Ende der 1960er Jahre, als um die Einführung der sogenannten „Gruppenuniversität“ gestritten wurde,[26] zum anderen zu Beginn des neuen Jahrtausends, als eine neue Welle von Hochschulreformen in den Ländern es unternahm, die Universitäten auf das neue Leitbild der „Managementuniversität“ zu verpflichten.[27] Ging es damals um die Frage einer „Demokratisierung“ der Hochschulen, die als Bedrohung der bestehenden, vorgeblich allein wissenschaftsadäqua-

---

[23] Ebd., S. 729.

[24] Vgl. Franz-Ludwig Knemeyer: Garantie der Wissenschaftsfreiheit und Hochschulreform, in: JuristenZeitung 24 (1969), S. 780–783; Hans Heinrich Rupp: Die Universität zwischen Wissenschaftsfreiheit und Demokratisierung, in: JuristenZeitung 25 (1970), S. 165–168.

[25] Vgl. Gerd Roellecke: Wissenschaftsfreiheit als Rechtfertigung von Relevanzansprüchen. Eine Selbstkorrektur, in: Bernd Becker, Hans Peter Bull, Otfried Seewald (Hg.): Festschrift für Werner Thieme zum 70. Geburtstag, Köln u. a. 1993, S. 681–696.

[26] Vgl. nur Wolfgang Kahl: Hochschule und Staat (wie Anm. 5), S. 69 ff.

[27] Vgl. für einen prägnanten Überblick Christian Bumke: Universitäten im Wettbewerb, in: Veröffentlichungen der Vereinigung der Deutschen Staatsrechtslehrer (VVDStRL) 69 (2009), S. 407–461, hier S. 428 f.

ten Organisationsstrukturen gesehen wurde,[28] war nun eine „Ökonomisierung“ der Universität, insbesondere ihrer Verwaltung, zu konstatieren, die wiederum den Kern der wissenschaftlichen Tätigkeit gefährden sollte.[29] Unabhängig von der Frage, wie berechtigt diese Klagen jeweils waren, ist jedenfalls ein dahinter stehender gemeinsamer Gedanke festzustellen. Offenbar wird mit Blick auf die Wissenschaftsfreiheit ein staatlich gewährleisteter institutioneller Rahmen, wie auch immer geartet, als unabdingbar für die adäquate Grundrechtsausübung angesehen. „Die Garantie der Wissenschaftsfreiheit erschöpft sich nicht darin, die eigengesetzlichen Erkenntnisvorgänge, die den Kern der Wissenschaft ausmachen, von staatlichen Eingriffen möglichst freizuhalten. Vielmehr verpflichtet sie den Staat außerdem dazu, bei der Institutionalisierung von Wissenschaft auf deren Sachgesetzlichkeiten in besonderer Weise Rücksicht zu nehmen und eine wissenschaftsadäquate Ausgestaltung des Kooperationsbereichs sicherzustellen.“[30] Die staatliche Institutionalisierung von Wissenschaft kann danach zwar auch auf anderen, etwa sozial- oder kulturstaatlichen Motiven aufbauen, wird aber auch und nicht zuletzt von der Wissenschaftsfreiheit selbst getragen.[31] Darin unterscheidet sich die Wissenschaftsfreiheit von anderen Grundrechtsverbürgungen wie etwa der ihr scheinbar systematisch nahe stehenden Meinungsfreiheit, denn diese wird gerade unabhängig von staatlichen Mitwirkungsakten ausgeübt. Derartige Akte ermöglichen nicht erst die freie Meinungsäußerung, sondern bedrohen sie.

Das bloße Faktum einer solchen Debatte besagt allerdings noch nichts hinsichtlich der zureichenden Begründung für die Konzeption einer institutionellen Dimension der Wissenschaftsfreiheit. Diese Begründung muss funktional ansetzen, also klären, welche Aufgabe der Wissenschaft und der Wissenschaftsfreiheit im gesellschaftlichen Ganzen zukommt und welche Konsequenzen daraus für den Umfang des Grundrechtsschutzes resultieren. Juristisch gesehen handelt es sich dabei um die Fra-

---

[28] Vgl. nur Rupert Scholz: Art. 5 Abs. 3 GG (wie Anm. 7), Rn. 153 ff., m. w. N.

[29] Vgl. Wolfgang Kahl: Hochschule und Staat (wie Anm. 5), S. 92 ff.

[30] Eberhard Schmidt-Aßmann: Wissenschaftsplanung im Wandel, in: Wilfried Erbguth, Janbernd Oebbecke, Hans-Werner Rengeling (Hg.): Planung. Festschrift für Werner Hoppe zum 70. Geburtstag, München 2000, S. 649–665, hier S. 653.

[31] Vgl. Hans-Heinrich Trute: Die Forschung zwischen grundrechtlicher Freiheit und staatlicher Institutionalisierung. Das Wissenschaftsrecht als Recht kooperativer Verwaltungsvorgänge, Tübingen 1994, S. 180 ff.

ge nach der teleologischen Interpretation der Grundrechtsbestimmung, die vorrangig anhand der normativen Vorgaben aus dem verfassungsrechtlichen Gesamtkontext erfolgen muss, dabei aber die tatsächlichen Wirkzusammenhänge und Regelungsbedürfnisse nicht aus den Augen verlieren darf. Teleologie verstehe ich in diesem Sinne nicht aristotelisch, sondern als funktionale Analyse.[32] So verstanden ist die teleologische Normauslegung der geeignete Ort, um mögliche Erkenntnisse der Wissenschaftssoziologie in die normative Analyse einfließen zu lassen.

Was also ist das Telos der Wissenschaftsfreiheit, das seinerseits die Institutionalisierung ihres besonderen grundrechtlichen Schutzes tragen kann? Die entsprechende Bestimmung des Bundesverfassungsgerichts ist zunächst rein negativ orientiert.[33] Danach liegt Art. 5 Abs. 3 GG die Überlegung zugrunde, dass „eine von gesellschaftlichen Nützlichkeits- und politischen Zweckmäßigkeitsvorstellungen freie Wissenschaft Staat und Gesellschaft im Ergebnis am Besten dient."[34] Es ist offenbar sinnvoll, die Wissenschaft von unmittelbaren Einflussnahmen aus anderen Gesellschaftsbereichen, sei es durch die Politik selbst, ebenso aber auch die Wirtschaft oder die Religion, zu bewahren, das heißt ihr einen eigenständigen Sozialbereich zu belassen, in dem sie weitgehend nach eigenen Regeln verfahren darf. Nur so erfüllt sie eine für die Gesamtgesellschaft nützliche, unersetzliche Funktion. Gegenüber den Extrempositionen eines „nüchterne[n] etatistische[n] Utilitarismus", der „die großen Geldaufwendungen für die Hochschulen und eine gewisse Forschungs- und Lehrfreiheit der staatlichen Professoren nur deshalb und insoweit rechtfertigen will, als daraus, gemessen an der Staatsräson, ein Nutzen entspringt"[35], einerseits, und dem idealistischen Gegenmodell, das dem Staat „die unmittelbare Aufgabe [setzt], Anstalten allseitiger Forschung und Lehre zu schaffen, nicht nur und nicht so sehr um des Nutzens wil-

---

[32] Vgl. dazu auch Ino Augsberg: Die Lesbarkeit des Rechts. Texttheoretische Lektionen für eine postmoderne juristische Methodologie, Weilerswist 2009, S. 178 f.

[33] Vgl. zu einer umfassenden, nicht auf die juristische Perspektive begrenzten Bestimmung der Legitimation von Wissenschaftsfreiheit näher Torsten Wilholt: Die Freiheit der Forschung. Begründungen und Begrenzungen, Berlin 2012; zum allgemeinen Problem auch Elif Özmen: Die normativen Grundlagen der Wissenschaftsfreiheit, in diesem Band, S. 111–132.

[34] BVerfGE 111, 333 (354).

[35] Richard Thoma: Die Lehrfreiheit der Hochschullehrer und ihre Begrenzung durch das Bonner Grundgesetz, Tübingen 1952, S. 11 f.

len, den Staat und Gesellschaft davon haben mögen, als vielmehr im Dienst einer höheren Menschheitsaufgabe"[36], andererseits, formuliert das Gericht damit eine bemerkenswerte Mittelposition. Positiv formuliert geht es bei der Wissenschaftsfreiheit danach um die „Garantie eines gesellschaftlichen Bereichs, der nach eigenen Gesetzen funktioniert und dessen Funktionalität gerade die Nichteinmischung des Staates in diese Eigengesetzlichkeit fordert: im Junktim also zwischen Funktion und Freiheit."[37]

Mit dieser Bestimmung der spezifischen Aufgabe der Wissenschaft kann das Bundesverfassungsgericht an klassische Vorstellungen hinsichtlich des Verhältnisses angewandter Wissenschaft und Grundlagenforschung einerseits und allgemeine liberale Ideen zum Nutzen individueller Freiheitsrechte andererseits anschließen. In der ersten Hinsicht gilt es als ausgemacht, dass wissenschaftliche Forschung, insbesondere die sogenannte Grundlagenforschung,[38] nicht unmittelbar, wohl aber mittelbar gesellschaftlich höchst relevante Einsichten produziert.[39] Geboten erscheint insofern eine spezifische Umweg-Strategie: Besonders erfolgreich und sozial nützlich soll Forschung sein, wenn sie frei von direkten Verwertungszusammenhängen agieren darf, also in Zielsetzung wie Verfahrensauswahl keinen zentralen Vorgaben unterliegt.[40] Eine ganz entsprechende Mittelbarkeit der Nutzerwartung bildet die Grundüberzeugung des Liberalismus; danach ist der gesamtgesellschaftliche Mehrwert individueller (wirtschaftlicher) Freiheit zunächst eine historische Erfahrung, die erst nachträglich eine theoretische Form erhielt.[41] Gemeinsam

---

36 Ebd., S. 12.

37 Alexander Blankenagel: Wissenschaftsfreiheit aus der Sicht der Wissenschaftssoziologie (wie Anm. 12), S. 42.

38 Vgl. zu der in der modernen Gesellschaft zunehmend brüchig werdenden Unterscheidung zwischen Grundlagenforschung und angewandter Forschung Jürgen Mittelstraß: Leonardo-Welt. Über Wissenschaft, Forschung und Verantwortung, Frankfurt a. M. 1992, S. 159 ff.

39 Vgl. hierzu sowie zur parallelen Überlegung hinsichtlich mittelbar nützlicher Effekte der Universitätsausbildung Peter Weingart: Die Stunde der Wahrheit? (wie Anm. 9), S. 61 f.

40 Vgl. mit Bezug auf Francis Bacon Peter Weingart, Martin Carrier, Wolfgang Krohn: Nachrichten aus der Wissensgesellschaft. Analysen zur Veränderung der Wissenschaft, Weilerswist 2007, S. 16 ff.

41 Vgl. klassisch Friedrich-August von Hayek: Grundsätze einer liberalen Gesellschaftsordnung, in: ders.: Grundsätze einer liberalen Gesellschaftsordnung. Auf-

ist beiden Perspektiven die Einsicht, dass ab einem bestimmten Komplexitätsniveau der Gesamtgesellschaft zentrale Steuerungsversuche das Erreichen des jeweils verfolgten Gemeinwohlziels eher erschweren als erleichtern können. Stattdessen wird auf Selbstorganisation des betreffenden Sozialbereichs gesetzt. Der Grund für die Selbstorganisation ist damit wesentlich negativ bestimmt: Er besteht darin, „daß es außerhalb eines entstehenden Ordnungszusammenhangs keine überlegene Information hinsichtlich der Ordnungsmöglichkeiten und Ordnungsbedarfe in diesem Zusammenhang gibt."[42] Grundrechtsschutz besagt in dieser Perspektive Gewährleistung der Selbstorganisationsfähigkeit, das heißt ihren Schutz vor externen Einflussnahmen.

Dieser Organisationsbezug des Grundrechtsschutzes lässt sich auch mit Blick auf spezifische Eigenarten des Regelungsfeldes erläutern. Wissenschaftliche Forschung ist danach, wie Eberhard Schmidt-Aßmann mit Bezug auf Einsichten der neueren Wissenschaftstheorie bemerkt, „kein isolierter, individualzentrierter gedanklicher Vorgang", sondern als „Freiheit eines Handlungs- und Kommunikationszusammenhangs zu entfalten", der „immer wieder von organisatorischen Elementen durchzogen [ist], die ihn mitkonstituieren, jedenfalls aber abstützen."[43] Wissenschaft ist damit als Gesamtphänomen zahlreicher Einzelprozesse gefasst, die in einem arbeitsteiligen Zusammenhang stehen und dabei in ihrem Zusammenwirken emergente, das heißt aus der bloßen Aggregation der Teile nicht erklärbare Eigenschaften entwickeln, die die

sätze zur Politischen Philosophie und Theorie (Gesammelte Schriften in deutscher Sprache, Abteilung A: Aufsätze, Band 5, hg. von Viktor Vanberg), Tübingen 2002, S. 69–87, hier S. 70 f.: „Die erste Art des Liberalismus [...] ist nicht das Ergebnis einer theoretischen Konstruktion, sondern entsprang dem Wunsch, die wohltätigen Wirkungen auszudehnen und zu verallgemeinern, die sich ganz unbeabsichtigt aus den Beschränkungen der Staatsgewalt ergeben hatten, welche man aus purem Mißtrauen gegen die Herrscher eingeführt hatte. Erst als man beobachtete, daß die fraglos größere persönliche Freiheit, die der Engländer im 18. Jahrhundert genoß, eine vorher nicht dagewesene materielle Blüte hervorbrachte, versuchte man, eine systematische Theorie des Liberalismus zu entwickeln."

[42] Rudolf Stichweh: Wissenschaft, Universität, Professionen. Soziologische Analysen, Frankfurt a. M. 1994, S. 84.

[43] Eberhard Schmidt-Aßmann: Die Wissenschaftsfreiheit nach Art. 5 Abs. 3 GG als Organisationsgrundrecht, in: Bernd Becker, Hans Peter Bull, Otfried Seewald (Hg.): Festschrift für Werner Thieme zum 70. Geburtstag (wie Anm. 25), S. 697–711, hier S. 698.

Organisation als Ganzes charakterisieren.[44] Diese Eigenschaften konstituieren die Fähigkeit der Wissenschaft zur Selbstorganisation. Es dürfte offensichtlich sein, dass im Hintergrund dieser Konzeption von Wissenschaft ein Paradigmenwechsel von der klassisch dominierenden Geisteszur stärker an derartig arbeitsteilig angelegten Forschungsverfahren orientierten Naturwissenschaft steht.

Damit bleibt die Frage nach dem Verhältnis dieses systembezogenen und insofern „inpersonalen" Gewährleistungsgehalts zur individuellen Schutzdimension des Grundrechts. Dass der Schutz des Art. 5 Abs. 3 GG sich auch auf den individuellen Wissenschaftler erstreckt, steht außer Zweifel; klärungsbedürftig erscheint aber die Frage, inwieweit diesem Individualschutz der Vorrang vor der institutionellen Dimension zukommt oder umgekehrt diese Dimension stärker zu akzentuieren ist. Relevant wird die Frage in Fällen, in denen individuelle und institutionelle Sicht konfligieren.

6.

In dieser Hinsicht lässt sich zunächst mit Blick auf die Historie der rechtswissenschaftlichen Auseinandersetzung zu Art. 5 Abs. 3 GG seit der Bochumer Staatsrechtslehrertagung 1968[45] eine „Repersonalisierung" des Grundrechtsschutzes konstatieren.[46] „Der Vorrang des personalen Elements" der Wissenschaftsfreiheit, so wiederum Schmidt-Aßmann, „ist die Basis und der Punkt ständiger Rückorientierung aller Auslegung des Art. 5 Abs. 3 GG. Er ist nicht mit der Option für ein individualzentriertes Wissenschaftsverständnis zu verwechseln. Aber er bestimmt die Gewichtung und Durchsetzungsfähigkeit dort, wo sich Konflikte zwischen

---

44 Vgl. ebd., S. 706, mit Bezug auf Hans-Heinrich Trute: Die Forschung zwischen grundrechtlicher Freiheit und staatlicher Institutionalisierung (wie Anm. 31). Zur Emergenz als Charakteristikum systemischer Ordnungsbildung allgemein etwa Helmut Willke: Einführung in das systemische Wissensmanagement, 2. Auflage, Heidelberg 2007, S. 12 f.

45 Vgl. die Referate zum Thema „Die Stellung der Studenten in der deutschen Universität" von Hans Heinrich Rupp und Wilhelm Karl Geck, in: Veröffentlichungen der Vereinigung der Deutschen Staatsrechtslehrer (VVDStRL) 27 (1969), S. 113–141 und S. 143–187.

46 Vgl. Alexander Blankenagel: Wissenschaftsfreiheit aus der Sicht der Wissenschaftssoziologie (wie Anm. 12), S. 40.

Individualinteressen im Wissenschaftsbereich abzeichnen."[47] Die institutionelle Dimension des Grundrechtsschutzes erscheint insofern als eine „Komplementärgarantie" zu der primär relevanten Freiheitsgarantie qua subjektives Recht.[48] Diese Gewichtung deckt sich mit der Judikatur des Bundesverfassungsgerichts zu der Konzeption der Grundrechte als objektive Wertordnung, wie sie maßgeblich im „Lüth-Urteil" entwickelt wurde. In dieser Lesart sind die Grundrechte ohne Zweifel „in erster Linie dazu bestimmt, die Freiheitssphäre des einzelnen vor Eingriffen der öffentlichen Gewalt zu sichern; sie sind Abwehrrechte des Bürgers gegen den Staat."[49] Wenn ihnen im modernen Staat unter dem Grundgesetz zugleich auch eine objektive Dimension zukomme, stehe das nicht im Widerspruch zur individuellen Freiheitsgarantie, vielmehr bedeute diese zweite Dimension eine „prinzipielle Verstärkung der Geltungskraft der Grundrechte".[50] Wissenschaftsfreiheit besitzt danach zwar eine bedeutsame objektive Dimension, diese darf aber nicht gegen die subjektive Freiheitsgewähr ausgespielt werden. „Die Rückbindung [an die personale Grundlage der Wissenschaftsfreiheit] soll verhindern, daß sich die Interessen der Einrichtung gegenüber denjenigen der in ihr tätigen Wissenschaftler durchgängig verselbständigen."[51]

Die Frage ist aber, ob mit diesem Ergänzungsmodell der eigenständigen systemischen Bedeutung, also dem, was oben als die emergenten Effekte der Wissenschaft als eines Organisationszusammenhangs oder als ihre Selbstorganisationskapazität bezeichnet wurde, angemessen Rechnung getragen wird. Das Problem lässt sich mit Blick auf eine scheinbar klassische juristische Aufgabe näher umreißen: Juristische Arbeit ist auf klare Begriffsbildung angewiesen. Die Subsumtion unter die Tatbestandsvoraussetzungen einer Norm erfordert eine Definitionsarbeit, die komplexere Begriffe zunächst in kleinere semantische Einheiten bricht, um anschließend deren Vorliegen oder Nichtvorliegen feststellen zu können. Dementsprechend müsste auch das wesentliche Tatbestandsmerkmal des Art. 5 Abs. 3 S. 1 GG, die Wissenschaft, definiert werden. Die-

[47] Eberhard Schmidt-Aßmann: Die Wissenschaftsfreiheit nach Art. 5 Abs. 3 GG als Organisationsgrundrecht (wie Anm. 43), S. 703.

[48] So ausdrücklich Werner Weber: Diskussionsbeitrag, in: Veröffentlichungen der Vereinigung der Deutschen Staatsrechtslehrer (VVDStRL) 27 (1969), S. 194.

[49] BVerfGE 7, 198 (204).

[50] BVerfGE 7, 198 (205).

[51] Eberhard Schmidt-Aßmann: Die Wissenschaftsfreiheit nach Art. 5 Abs. 3 GG als Organisationsgrundrecht (wie Anm. 43), S. 705.

ser Versuch jedoch stößt auf sachlich begründete Schwierigkeiten. Wenn der Grundrechtsschutz gerade Freiheit vor staatlicher Interferenz im Sinne der Gewährleistung wissenschaftlicher Selbstorganisation beinhalten soll, dann kann auch die Beantwortung der Frage, was grundsätzlich als Wissenschaft akzeptiert wird und was nicht, nicht rechtlich vorgegeben werden.[52] Der Begriff der Wissenschaft selbst zeigt sich vielmehr als Ergebnis wissenschaftlicher Auseinandersetzungen; was Wissenschaft ist, ist steter Revision unterworfen.[53] Nur innerhalb der Wissenschaft kann die definitorische Frage daher letztlich – und zugleich immer nur vorübergehend – geklärt werden; das Recht bleibt insofern verwiesen auf Formaldefinitionen, die weitgehend Beobachtungsanleitungen bezüglich des primär ausschlaggebenden wissenschaftlichen Selbstverständnisses darstellen.[54] Was insoweit bezüglich des abstrakten Terminus für das Gesamtgebiet gilt, betrifft ebenso die darin tätigen Personen; auch ihr Status als Wissenschaftler und ergo als Grundrechtsträger ist aus externer Perspektive nur in sekundärer Modellierung des vorrangigen wissenschaftsinternen Geschehens, als eine Art „Beobachtung zweiter Ordnung", feststellbar.[55] Darin liegt die zumal juristische Relevanz des Abstellens auf Prestige und Renommee innerhalb der scientific community: Nur diese kann letztlich darüber befinden, ob ein bestimmtes neues Verfahren, eine Publikation, eine Person, den Standards entspricht, die durch die Prozesse der internen Selbstorganisation gesetzt werden. Wie die Wis-

---

52 Sehr deutlich Helmut Ridder: Die soziale Ordnung des Grundgesetzes (wie Anm. 13), S. 135: „Wissenschaft ist ein die Definition von Wissenschaft selbst bestimmender Prozeß. Alles was in diesem Prozeß als ‚wissenschaftlich' akzeptiert wird, ist von den außerwissenschaftlichen Instanzen als wissenschaftlich zu akzeptieren. Der Wissenschaftsbegriff steht also nur der Wissenschaft zur Verfügung. Wissenschaftsfreiheit impliziert mithin das außerwissenschaftliche Definitionsverbot über Wissenschaft." Vorsichtiger – für eine „normative Anreicherung" des Wissenschaftsbegriffs, die dann auch staatlicherseits überprüft werden kann – Michael Fehling: Art. 5 Abs. 3, in: Rudolf Dolzer, Wolfgang Kahl, Christian Waldhoff (Hg.): Bonner Kommentar zum Grundgesetz (Loseblatt, Stand: März 2004), Rn. 60 ff.

53 Vgl. nur Bodo Pieroth, Bernhard Schlink: Grundrechte. Staatsrecht II, 25. Auflage, Heidelberg 2009, Rn. 671.

54 Vgl. Hans-Heinrich Trute: Die Forschung zwischen grundrechtlicher Freiheit und staatlicher Institutionalisierung (wie Anm. 31), S. 60 ff.

55 Ähnliche Konstellationen finden sich etwa im Kontext der Kunst- und der Religionsfreiheit; vgl. dazu allgemein Martin Morlok: Selbstverständnis als Rechtskriterium, Tübingen 1993.

senschaftsgeschichte deutlich zeigt, schließt dieses interne Bewertungsverfahren Fehleinschätzungen, Verkennungen und nachträgliche Rehabilitationen ein. Die Fehleinschätzungen können aber noch weniger von außen korrigiert werden; eine entsprechende Kompetenz fehlt hier erst recht. Rechtlich möglich bleiben damit nur Formen indirekter Steuerung, die darauf zielen, etwa durch Vorgabe organisationaler Prozesse zu verhindern, dass bei der Konstituierung des Selbstverständnisses monolithische Strukturen entstehen, die vom jeweiligen Mainstream abweichende Auffassungen systematisch und auf Dauer ausschließen. Insofern bedarf es zwar auch „des Außenseiterschutzes, um Pluralität und Innovationsoffenheit des Wissenschaftssystems zu sichern."[56] Wenn und soweit der einzelne Wissenschaftler zum Wissenschaftler aber nur durch Partizipation im Systemganzen wird, muss dieses, und nicht die individuelle Handlungsmöglichkeit, die für sich genommen noch nichts Wissenschaftsspezifisches hat, den Ausgangspunkt der grundrechtlichen Gewährleistung bilden. In dieser funktionsspezifischen, mit Blick auf den Einzelnen rollenorientierten Perspektive lässt sich eine auf die Religion gemünzte Aussage George Lindbecks auf die Wissenschaft übertragen: „Like a culture or a language, it is a communal phenomenon that shapes the subjectivities of individuals rather than being primarily a manifestation of those subjectivities."[57] Danach ist die individuelle Grundrechtsverbürgung nur ein Resultat der vorrangigen institutionellen Dimension, das diese jedoch auch zur eigenen Effektuierung zu nutzen weiß.

7.

Dieser Aspekt führt zurück zu dem Problem, wie der Staat, also Politik und Recht, die Selbstorganisationsprozesse der Wissenschaft gewährleisten kann. Erforderlich sind insofern Mechanismen, die zum einen die Kolonisierung der Wissenschaft durch andere, ihr fremde

---

[56] Michael Fehling: Das Verhältnis von Recht und außerrechtlichen Maßstäben, in: Hans-Heinrich Trute u. a. (Hg.): Allgemeines Verwaltungsrecht – zur Tragfähigkeit eines Konzepts, Tübingen 2008, S. 461–488, hier S. 468, mit Verweis auf die eigene Kommentierung zu Art. 5 Abs. 3, in: Rudolf Dolzer, Wolfgang Kahl, Christian Waldhoff (Hg.): Bonner Kommentar zum Grundgesetz (wie Anm. 52), Rn. 60 ff.

[57] George A. Lindbeck: The Nature of Doctrine. Religion and Theology in a Postliberal Age, Philadelphia 1984, S. 33.

Systemrationalitäten – insbesondere der Wirtschaft und der Politik, aber auch des Rechts selbst – verhindern helfen.[58] Abzuwehren sind Entdifferenzierungstendenzen, deren Ziel darin liegt, „außerwissenschaftliche Werte und Normen für innerwissenschaftliche Relevanzen [zu] substituieren."[59] Das betrifft nicht nur negative Maßnahmen vergleichbar den strafrechtlichen Korruptionstatbeständen, sondern umfasst ebenso positive Leistungsgewähr in Form vor allem finanzieller Unterstützung durch den Staat. Um nicht den Charakter eines zweiten, lediglich staatlich organisierten und gestützten Marktes anzunehmen, sollte diese finanzielle Förderung zudem – wie Alexander Blankenagel bereits vor über dreißig Jahren gefordert hat – „nicht zu eng leistungs- und produktivitätsbezogen" ausgestaltet werden.[60] Hinsichtlich des Handlungsinstrumentariums, dessen sich der Staat für die Gewährleistung dieser Sphärentrennung bedienen sollte, ist auf den Vorbehalt des Gesetzes zu verweisen. Dieser dient in der vorgeschlagenen Perspektive weniger als Garant jener „ununterbrochenen Legitimationskette", die im Modell repräsentativer Demokratie als unabdingbar erachtet worden ist.[61] Der Parlamentsvorbehalt fungiert vielmehr als Zurechnungsverfahren, mit dessen Hilfe eine Entscheidung als eindeutig politischer und dann, über ihre Verbindlichkeit für die Rechtsanwender in Administrative und Judikative, auch juristischer Natur charakterisiert werden kann. Der bewusste Einsatz gesetzlicher Steuerung bildet damit den Gegensatz zu einem Verfahren, das unter dem Vorwand der Bewahrung gesellschaftlicher Selbstorganisation de facto politische Entscheidungskriterien in andere Gesellschaftsbereiche transferiert. Grundrechtsdogmatisch gesprochen besagt das, dass Eingrenzungen der Wissenschaftsfreiheit, die selbstverständlich möglich bleiben müssen, nicht über eine kryptopolitische oder moralische Auslegung des vielmehr vom wissenschaftlichen Selbstverständnis her zu konzipierenden Schutzbereichs erfolgen können, sondern auf explizite, politisch zu verantwortende Schrankenregelungen verwiesen sind.

---

58 Vgl. grundlegend Niklas Luhmann: Grundrechte als Institution. Ein Beitrag zur politischen Soziologie, 2. Auflage, Berlin 1975.

59 Rudolf Stichweh: Wissenschaft, Universität, Professionen (wie Anm. 42), S. 28.

60 Alexander Blankenagel: Wissenschaftsfreiheit aus der Sicht der Wissenschaftssoziologie (wie Anm. 12), S. 65.

61 Vgl. Ernst-Wolfgang Böckenförde: Demokratie als Verfassungsprinzip, in: Josef Isensee, Paul Kirchhof (Hg.): Handbuch des Staatsrechts der Bundesrepublik Deutschland, Band II, 3. Auflage, Heidelberg 2004, § 24, S. 429–496.

Zum anderen muss auch wissenschaftsintern eine hinreichende Pluralität der Prozesse garantiert sein, damit Blockaden der Entwicklung immer wieder durch grundlegende Perspektivwechsel aufgebrochen und damit neue, in den bisher vertrauten Blickbahnen nicht mögliche Erkenntnisse gewonnen werden können. Art. 5 Abs. 3 GG wird in dieser Hinsicht relevant als „Pluralismusgebot und als wissenschaftlicher Minderheitenschutz."[62] Eben hier liegt die Bedeutung des Individualrechtsschutzes im Kontext der Wissenschaftsfreiheit: Wie subjektive Rechte in der modernen Gesellschaft insgesamt „primär eine Recht *generierende* Funktion haben, die sich über Kooperationsprozesse zwischen Individuen und Organisationen entfaltet und mehr Möglichkeiten schafft, als das Recht zunächst jeweils bereitgehalten hat",[63] so besteht auch die Funktion der Wissenschaftsfreiheit als subjektives Recht vor allem darin, die Gefahr von durch Pfadabhängigkeiten erzeugten Verknöcherungen in den Organisationsstrukturen immer wieder herauszufordern, indem alternative Wege aufgezeigt, also neue Möglichkeiten für das System – und damit mittelbar für die Gesamtgesellschaft – generiert werden. Das Recht stützt diese interne Herausforderung des Wissenschaftssystems ab, indem es dem einzelnen Wissenschaftler Freiräume gewährt, in denen er sich auch im Gegensatz zur Organisation postieren und dort forschen kann. Die Inanspruchnahme dieser Möglichkeit erfordert als Vertrauensvorschuss für künftige, im Widerspruch zum aktuell vorherrschenden Diskurs stehende Aktivitäten allerdings die grundsätzliche Qualifikation als Wissenschaftler, die wiederum nur durch die Wissenschaft als System gewährt werden kann. Das subjektive Individualgrundrecht hat damit eine wesentlich transsubjektive Funktion.[64]

8.

Noch nicht beantwortet ist damit die Frage, welche konkreten organisatorischen Anforderungen aus der objektiven Dimension der Wissen-

---

[62] Alexander Blankenagel: Wissenschaftsfreiheit aus der Sicht der Wissenschaftssoziologie (wie Anm. 12), S. 65.

[63] Karl-Heinz Ladeur: Das subjektive Recht und der Wunsch nach Gerechtigkeit als sein Parasit, in: Zeitschrift für Rechtssoziologie 29 (2008), S. 109–124, hier S. 114.

[64] Vgl. zu diesem transsubjektiven Effekt der individuellen Freiheitsrechte grundlegend Karl-Heinz Ladeur: Negative Freiheitsrechte und gesellschaftliche

schaftsfreiheit resultieren. Wenn bislang insofern uneindeutig von der institutionellen, organisatorischen oder systemischen Dimension der Schutzgarantie gesprochen wurde, muss nun genauer differenziert werden.[65] Danach ist zwischen der allgemeinen Selbstorganisationsfähigkeit eines Sozialbereichs und dessen jeweiligen, zumal rechtlich ausgestalteten organisatorischen Verfestigungen zu unterscheiden. Klassisch betrifft das vor allem den Unterschied von Wissenschaft als gesellschaftlichem Phänomen und seiner konkreten Erscheinung im staatlich verantworteten Hochschulbereich, also jenes Feld, das in der Vergangenheit die wissenschaftsrechtlichen und -politischen Auseinandersetzungen dominiert hat. Während Wissenschaft als gesellschaftlicher Teilbereich mit einer spezifischen Eigenrationalität das primäre Schutzobjekt des Grundrechts auf Wissenschaftsfreiheit bildet, ist bei der organisatorischen Ausformung ein Gestaltungsspielraum des Gesetzgebers zu konstatieren. Dieses Ausgestaltungsrecht ist weitgehend negativ begründet: Weil und soweit nicht klar ersichtlich ist, welche Organisationsformen dem Wissenschaftssystem am besten dienen, bleiben Freiräume für den für derartige gesellschaftlich verbindliche Entscheidungen zuständigen Gesetzgeber, der dabei aber seinerseits an das Selbstverständnis der Wissenschaft und Partizipationsmöglichkeiten der Wissenschaftler gebunden ist.

Vor diesem Hintergrund sind die aktuellen Debatten über die Umbildung der Universitäten in Richtung „Managementuniversität" unter dem Leitbild einer deutlichen Stärkung der Kompetenzen der Leitungsorgane zu betrachten. Das Verfassungsgericht hat in seiner Entscheidung zum Brandenburgischen Hochschulgesetz den weiten Entscheidungsspielraum des Gesetzgebers betont und mit Blick auf mögliche Eingrenzungen die Relevanz des wissenschaftlichen Selbstverständnisses ausdrücklich zurückgewiesen.[66] Aufgrund des damit benannten Prü-

---

Selbstorganisation. Zur Erzeugung von Sozialkapital durch Institutionen, Tübingen 2000; ferner ders.: Kritik der Abwägung in der Grundrechtsdogmatik. Plädoyer für eine Erneuerung der liberalen Grundrechtstheorie, Tübingen 2004.

[65] Vgl. kritisch zur herrschenden terminologischen Verwirrung bereits Alexander Blankenagel: Wissenschaftsfreiheit aus der Sicht der Wissenschaftssoziologie (wie Anm. 12), S. 43: „Wertordnung, institutionelle Garantie, objektiver Gehalt, autonomer Sachbereich meinen anscheinend alle das gleiche, allerdings in der weiteren Beschreibung unklare Phänomen."

[66] Vgl. BVerfGE 111, 333 (355 f.).

fungsprogramms erschien ein künftiges Überschreiten dieses Spielraums kaum mehr möglich.[67] Vielmehr stehe zu befürchten, so das Resümee in einer Besprechung der Entscheidung, „dass mit der vorliegenden Entscheidung des *BVerfG* von der organisationsrechtlichen Dimension des Art. 5 III 1 GG nur noch eine weitgehend beliebig ausfüllbare Hülse verblieben ist. Die hoffnungsvolle Idee des Grundrechtsschutzes durch Organisation und Verfahren hat für das Hochschulrecht wohl weitgehend ausgedient und dürfte absehbar in zukünftigen Auseinandersetzungen um den richtigen Umgang mit der Wissenschaft zunehmend in den Hintergrund rücken."[68] Um so mehr ist eine jüngste Entscheidung zum Hamburger Hochschulgesetz zu begrüßen, in der das Gericht erklärt hat, dass mit den Bestimmungen zur Stellung des Dekans eine rote Linie überschritten worden sei und die Regelungen daher nicht mehr mit den Vorgaben des Art. 5 Abs. 3 GG zu vereinen seien.[69] „Die Sicherung der Wissenschaftsfreiheit durch organisatorische Regelungen verlangt", so das Gericht im ersten Leitsatz seiner Entscheidung, „dass die Träger der Wissenschaftsfreiheit durch ihre Vertreter in Hochschulorganen Gefährdungen der Wissenschaftsfreiheit abwehren und ihre fachliche Kompetenz zur Verwirklichung der Wissenschaftsfreiheit in die Universität einbringen können. Der Gesetzgeber muss daher ein hinreichendes Niveau der Partizipation der Grundrechtsträger gewährleisten."[70] Damit hat das Gericht die bereits totgeglaubte organisationsrechtliche Dimension der Wissenschaftsfreiheit revitalisiert.[71] Aus der Gewährleistung der Wissenschaftsfreiheit folgt zwar nicht unmittelbar die verfassungsrechtliche Garantie einer bestimmten Hochschulorganisation; erforderlich ist vielmehr eine Transformation des einen in den anderen Bereich, die

---

[67] Vgl. zur Kritik nur Karl-Heinz Ladeur: Die Wissenschaftsfreiheit der „entfesselten Hochschule" (wie Anm. 2), Klaus Ferdinand Gärditz: Hochschulmanagement und Wissenschaftsadäquanz (wie Anm. 2), sowie Ino Augsberg, Steffen Augsberg: Prognostische Elemente in der Rechtsprechung des Bundesverfassungsgerichts, in: Verwaltungsarchiv 98 (2007), S. 290–316, hier S. 293 ff.

[68] Klaus Ferdinand Gärditz: Hochschulmanagement und Wissenschaftsadäquanz (wie Anm. 2), S. 409.

[69] BVerfG, Beschluss vom 20.07.2010, Az. 1 BvR 748/06, abgedruckt in: JuristenZeitung 66 (2011), S. 308–313, hier S. 308.

[70] Ebd.

[71] So auch Klaus Ferdinand Gärditz: Anmerkung zum Beschluss des Bundesverfassungsgerichts vom 20.07.2010 – 1 BvR 748/06, in: JuristenZeitung 66 (2011), S. 314–316, hier S. 316.

durch eine gesetzgeberische Entscheidung zu geschehen hat. Der Gesetzgeber muss aber dafür Sorge tragen, dass die Hochschulorganisation der wissenschaftlichen Eigenrationalität verpflichtet bleibt. Ein Weg hierzu ist die Einbindung der einzelnen Wissenschaftler mit ihrer wissenschaftsspezifischen Sachkompetenz in die Entscheidungsstrukturen, um durch diese Beteiligung die Wissenschaftsfreiheit in ihrer gesellschaftlichen Funktion zu stärken.

9.

Die geläufigen Überschneidungen im Gebrauch der Begriffe Organisation, System und Institution dürften aber kaum zufällig sein; sie stammen aus der Zeit, in der Wissenschaft noch mit Universität und somit die systemische mit einer spezifischen organisatorischen Dimension gleichgesetzt werden konnte. Diese Zeiten sind allerdings lange vorbei.[72] Forschung und Entwicklung finden vielfach außerhalb der Hochschulen statt; die einfache Unterscheidung „Grundlagenforschung ist Wissenschaft, angewandte Forschung ist Wirtschaft" lässt sich für die moderne Wissenschaftslandschaft, die gerade durch vielfältige Verschleifungen der Bereiche charakterisiert ist, nicht mehr durchhalten.[73] Auch die Hochschullandschaft selbst ist durch die Entstehung privater Hochschulen und die gesteigerte Bedeutung von Fachhochschulen vielfältiger geworden. Auch diesbezüglich ist eine jüngere Entscheidung des Bundesverfassungsgerichts bemerkenswert. Das Gericht hat mit Blick auf Fachhochschulen seine lange geübte Zurückhaltung hinsichtlich der Erstreckung der grundrechtlich garantierten Lehrfreiheit auf diese Hochschulform nunmehr ausdrücklich aufgegeben.[74] Interessant daran ist vor allem die Begründung: Wurde früher die Begrenzung auf die Universitäten mit der nur dort gewährleisteten engen Verknüpfung von Forschung

---

[72] Vgl. Alexander Blankenagel: Wissenschaftsfreiheit aus der Sicht der Wissenschaftssoziologie (wie Anm. 12), S. 54, der bereits vor über dreißig Jahren mit Bezug auf empirisches Datenmaterial konstatierte: „Wissenschaft kann nur begrenzt mit Universität gleichgesetzt werden, die stark universitätsbezogene Auslegung des Art. 5 Abs. 3 GG entspricht nicht mehr der Realität der Wissenschaft."

[73] Vgl. Jürgen Mittelstraß: Leonardo-Welt (wie Anm. 38), S. 160.

[74] BVerfG, Beschluss vom 13.04.2010, Az. 1 BvR 216/07, abgedruckt in: Neue Zeitschrift für Verwaltungsrecht 29 (2010), S. 1285–1288. Vgl. allgemein zur

und Lehre und der deswegen bestehenden Differenz zu den Fachhochschulen erklärt,[75] argumentiert das Gericht nun, die Bundes- und Landesgesetzgeber hätten in den vergangenen Jahren die Hochschulformen so weit angenähert, dass diese Differenz nicht mehr festgestellt werden könne.[76] Ausdrücklich aufgegeben wird insbesondere die früher getroffene Feststellung, bei wissenschaftlichen Hochschulen stehe die Pflege und Entwicklung der Wissenschaften im Vordergrund, dementsprechend liege die Aufgabe der Lehre in der Vermittlung einer umfassenden wissenschaftlichen Ausbildung, während es die vornehmliche Aufgabe von Fachhochschulen sei, durch anwendungsbezogene Lehre auf eine berufliche Tätigkeit vorzubereiten.[77] Insoweit die Annäherung weniger in einer stärkeren genuinen Forschungsorientierung der Fachhochschulen – konzediert wird zunächst lediglich, dass es „ebenso wie bei den Universitäten Aufgabe einer Fachhochschule oder der in ihr tätigen Professoren sein [kann], ihren Studierenden im Rahmen der Ausbildungsaufgaben wissenschaftliche Erkenntnisse und Methoden zu vermitteln sowie sie zu wissenschaftlicher Arbeit zu befähigen" –, sondern in einer zunehmenden Berufsausbildungsorientierung der Universitäten liegen soll,[78] erscheint der aus dem Befund gezogene Schluss einer Ausdehnung der Lehrfreiheit einigermaßen überraschend. Näher hätte es dann doch offenbar gelegen, die Lehrfreiheit auch an den Universitäten nur noch begrenzt dort anzuerkennen, wo ein Zusammenhang mit eigenständiger Forschungsleistung existiert.[79] Allerdings konstatiert das Verfassungsgericht sodann auch eine allgemeine Annäherung der Fachhochschulen an die scheinbar genuin universitäre Forschungstätigkeit, da diese mittlerweile von den Hochschulgesetzen auch für die Fachhochschulen nicht

---

Lehrfreiheit umfassend Ann-Katrin Kaufhold: Die Lehrfreiheit – ein verlorenes Grundrecht? Zu Eigenständigkeit und Gehalt der Gewährleistung freier Lehre in Art. 5 Abs. 3 GG, Berlin 2006; früh, allerdings mit primärem Fokus auf die „Treueklausel", Richard Thoma: Die Lehrfreiheit der Hochschullehrer und ihre Begrenzung durch das Bonner Grundgesetz (wie Anm. 35).

75 Vgl. BVerfGE 61, 210 (244 f.); 64, 323 (354 f.).

76 BVerfG (wie Anm. 74), S. 1286 (Rn. 45).

77 Vgl. zur früheren Rechtsprechung maßgeblich BVerfGE 61, 210 (244 f.); 64, 323 (354 f.); 96, 66.

78 Vgl. BVerfG (wie Anm. 74), S. 1286 (Rn. 45).

79 Vgl. Ann-Katrin Kaufhold: Wissenschaftsfreiheit als ausgestaltungsbedürftiges Grundrecht?, in: Neue Juristische Wochenschrift 63 (2010), S. 3276–3279, hier S. 3277.

nur als Möglichkeit, sondern als Aufgabe, und dies teilweise ohne Bindung an den Ausbildungsauftrag, vorgesehen sei.[80] Dennoch liegt der Fokus der Entscheidung eher auf einer Entkopplung der früher oft berufenen Einheit von Forschung und Lehre. Ausdrücklich statuiert das Verfassungsgericht nunmehr: „Lehre i. S. des Art. 5 III 1 GG ist nicht nur das, was sich als kommuniziertes Resultat eigener Forschung erweist."[81]

In grundrechtsdogmatischer Perspektive gibt die skizzierte Argumentation des Bundesverfassungsgerichts damit Anlass zu der Frage, ob mit dem gewählten Verfahren, den grundrechtlichen Schutzbereich des Art. 5 Abs. 3 GG im Rückgriff auf neuere hochschulpolitische Entwicklungen, nämlich Entscheidungen des einfachen Gesetzgebers, zu bestimmen, der Weg zu einem Verständnis der Wissenschaftsfreiheit als eines „ausgestaltungsbedürftigen Grundrechts", dessen genauere Konturen erst durch den Gesetzgeber festgelegt werden,[82] beschritten ist.[83] Geht man davon aus, dass das Grundrecht nicht zuletzt auch vor solchen Entscheidungen – wie im geschilderten Fall des Hamburger Hochschulgesetzes – schützen soll, wäre die verfassungsgerichtliche Erweiterung der Lehrfreiheit demnach kritisch zu sehen.

Vielleicht gibt die Entscheidung aber auch Anlass, die allgemeine Perspektive auf Art. 5 Abs. 3 GG zu erweitern und grundsätzlich zu fragen, ob mit Blick auf die aktuelle Situation der Wissenschaftslandschaft die vom Wortlaut der Grundrechtsnorm her nahegelegte Differenzierung zwischen Forschung, Lehre und Wissenschaft nicht doch ernster genommen werden sollte, als das bislang in der verfassungsgerichtlichen Rechtsprechung der Fall war.[84] Mit Rudolf Stichweh könnte man insofern zwischen einer handlungs- und personorientierten Perspektive einerseits und einer systemorientierten Perspektive andererseits unterscheiden.[85] Eine weitere vom Normwortlaut her nahegelegte Differenz ließe sich

---

80 BVerfG (wie Anm. 74), S. 1286 (Rn. 46).

81 Vgl. ebd., S. 1287 (Rn. 50).

82 Vgl. dazu allgemein Matthias Cornils: Die Ausgestaltung der Grundrechte. Untersuchungen zur Grundrechtsbindung des Ausgestaltungsgesetzgebers, Tübingen 2005.

83 So Ann-Katrin Kaufhold: Wissenschaftsfreiheit als ausgestaltungsbedürftiges Grundrecht? (wie Anm. 79).

84 Vgl. zu einem solchen Vorschlag bereits Ann-Katrin Kaufhold: Die Lehrfreiheit (wie Anm. 74).

85 Vgl. Rudolf Stichweh: Wissenschaft, Universität, Professionen (wie Anm. 42), S. 73.

begründen, wenn man stärker den Unterschied, aber zugleich auch die mögliche Kopplung von Wissenschafts- und Erziehungssystem reflektierte.

Forschung wäre danach der methodisch reflektierte, aber stärker handlungs- als systembezogene Versuch der Generierung von Erkenntnissen,[86] und zwar auch und gerade im Kontext privatwirtschaftlicher Betätigung, also als Industrieforschung. Relevanz könnte diese Frage etwa mit Blick auf eine jüngst geforderte „negative Veröffentlichungsfreiheit" im Kontext des Art. 5 Abs. 3 GG entfalten: Dieser Ansicht zufolge sind Forschungen, die nicht auf die Veröffentlichung ihrer Ergebnisse angelegt sind, nicht dem Schutz der Wissenschaftsfreiheit zu unterstellen.[87] Damit würden nicht nur der Industrieforschung, sondern auch Teilen der universitären Drittmittelforschung der Schutz des Art. 5 Abs. 3 GG versagt.[88] Ein erweitertes Verständnis selbständiger Forschung qua individueller Erkenntnissuche könnte dem entgegenwirken und damit der Tatsache Rechnung tragen, dass auch und gerade in diesen Bereichen wichtige Forschungsleistungen erbracht werden, ja dass, schärfer noch, möglicherweise ein Übergang zu einer neuen Phase der Forschung zu gewärtigen ist, in der ökonomische und klassisch szientifische Ebenen nicht mehr wie bislang klar voneinander getrennt werden können.[89] Der grundrechtliche Schutz wäre in diesem Bereich mithin ein individuell-subjektiver, beinhaltete also keine objektive Organisationsgewährleistungspflicht. Eine objektive Dimension des

---

[86] Vgl. ebd., S. 77: „Für Forschung läßt sich sogar behaupten, daß sie in gewisser Hinsicht kein Sozialsystem konstituiert, weil sie zwar einen Handlungstyp ausgrenzt, aber die Vielzahl dieser Handlungen nur indirekt über ihre Beobachtung von der Ebene des wissenschaftlichen Kommunikationsprozesses her zu einem Systemzusammenhang zusammengeschlossen wird."

[87] Vgl. Harald Dähne: Forschung zwischen Wissenschaftsfreiheit und Wirtschaftsfreiheit (wie Anm. 2), S. 251 ff., S. 391 ff., S. 423 ff., m. w. N.

[88] Vgl. Eberhard Schmidt-Aßmann: Die Ambivalenz des Wissens und die Ordnungsaufgaben des Rechts, in: Hans Christian Röhl (Hg.): Wissen – Zur kognitiven Dimension des Rechts (Die Verwaltung, Beiheft 9), Berlin 2010, S. 39–61, hier S. 53. Zum Problem allgemein auch ders.: Free Access to Research Findings and its Limitations, in: Helga Nowotny u. a.: The Public Nature of Science under Assault. Politics, Markets, Science and the Law, Berlin, Heidelberg 2005, S. 109–130.

[89] Vgl. dazu Helga Nowotny, Peter Scott, Michael Gibbons: Re-Thinking Science. Knowledge and the Public in an Age of Uncertainty, Cambridge 2001; Peter Weingart: Die Stunde der Wahrheit? (wie Anm. 9), S. 14 f.

Schutzes bliebe aber möglich in Form einer mittelbaren Drittwirkung des Grundrechts im zivilrechtlichen Bereich,[90] der zufolge die verfassungsrechtlich statuierte besondere Bedeutung der Forschungsfreiheit in die gerichtliche Auslegung unbestimmter Begriffe oder Generalklauseln etwa in arbeitsrechtlichen Normen oder Vertragsbestimmungen ausstrahlen könnte.

Als Lehre zu verstehen wäre dagegen die Vermittlung von – nicht notwendigerweise auf eigene Forschungserkenntnisse eingeschränktem – Wissen.[91] Ihre Differenz zur Wissenschaft läge in dem reinen Erkenntnisbezug einerseits und der Ausrichtung an didaktischen Zielen und damit der Partizipation am Erziehungssystem andererseits.

Wissenschaft schließlich hieße der staatlicherseits zu schützende und zu unterstützende selbständige kommunikative Gesamtzusammenhang, in dem wissenschaftliche Erkenntnisse gewonnen und weitergegeben werden[92] – also Wissenschaft als gesellschaftliches System, zu dessen Gunsten bei der Normauslegung dem Grundrecht des Art. 5 Abs. 3 S. 1 GG nicht nur individuell-personale, sondern auch und sogar primär inpersonale Schutzgarantien im Sinne systemischer Autonomiegewährleistungen zu entnehmen sind.[93]

---

90 Vgl. dazu grundlegend BVerfGE 7, 198 – Lüth; vgl. ferner BVerfGE 30, 173 (187 f.) – Mephisto; 35, 202 (219) – Lebach; aus der Literatur nur Günter Dürig: Grundrechte und Zivilrechtsprechung, in: Theodor Maunz (Hg.): Vom Bonner Grundgesetz zur gesamtdeutschen Verfassung. Festschrift zum 75. Geburtstag von Hans Nawiasky, München 1956, S. 157–190; Walter Leisner: Grundrechte und Privatrecht, München, Berlin 1960, S. 306 ff.; Claus-Wilhelm Canaris: Grundrechte und Privatrecht, Berlin, New York 1999, S. 23 ff.; Matthias Ruffert: Vorrang der Verfassung und Eigenständigkeit des Privatrechts, Tübingen 2001, S. 12 ff.

91 Vgl. ähnlich Ann-Katrin Kaufhold: Die Lehrfreiheit (wie Anm. 74); vorsichtiger Christian Bumke: Universitäten im Wettbewerb (wie Anm. 27), S. 450 ff., der jedenfalls eine institutionelle Verbindung zwischen Forschung und Lehre bewahren möchte.

92 Vgl. Rudolf Stichweh: Wissenschaft, Universität, Professionen (wie Anm. 42), S. 77.

93 Vgl. im Ergebnis ebenfalls für eine stärkere Differenzierung plädierend Christian Bumke: Universitäten im Wettbewerb (wie Anm. 27), S. 455, der zwischen den beiden abwehrrechtlich bestimmten Dimensionen der Lehr- und der Forschungsfreiheit und der die objektiv-rechtlichen Gehalte des Grundrechts bündelnden Wissenschaftsfreiheit differenziert.

Über das Recht auf (grenzenlose) Kritik als Ideal einer freien Wissenschaft. Überlegungen ausgehend von Nicolaus Cusanus und Jacques Derrida

Michael Reder

0. Von der Renaissance zur Postmoderne

Nicolaus Cusanus gilt als ein Wegbereiter neuzeitlicher Philosophie. Sein Denken entsteht in einer der großen Umbruchphasen europäischer Gesellschaften. Die Renaissance ist durch eine stark zunehmende wissenschaftliche Forschung und daraus folgende technische Neuerungen gekennzeichnet, die in vielfacher Hinsicht sowohl Alltagsleben als auch ganze Weltbilder verändert haben – angefangen vom Buchdruck bis hin zur Formulierung des heliozentrischen Weltbildes. Es entstehen nicht nur viele neue Universitäten, sondern auch die inhaltlichen Auseinandersetzungen in den Wissenschaften verändern sich. Philosophisch betrachtet stehen dabei die Wiederentdeckung antiker Ideale, die individuelle und geistige Vervollkommnung des Menschen und das Ideal der Gleichheit im Fokus. Gleichzeitig ist diese Zeit (noch) von religiösen Weltanschauungen stark geprägt, die aber teilweise ins Wanken geraten, wie exemplarisch der Streit zwischen den (kirchen-)politischen Institutionen (Kaiser vs. Papst) belegt.

Sowohl in der politischen Biographie von Cusanus als auch in seinem philosophischen Denken spiegeln sich diese Spannungen seiner Zeit wider: Einerseits verschreibt er sich als Theologe und Kirchenmann den Fragen mittelalterlicher Metaphysik, andererseits gibt er die (religiös) begründete Sicherheit scholastischer Spekulation auf und wird zu einem Vordenker neuzeitlicher Philosophie. Am deutlichsten wird dies an seiner Erkenntnistheorie, die er unter das Paradigma eines wissenden Nichtwissens stellt[1] und die für ihn zum Leitfaden wissenschaftlicher Reflexi-

[1] Nikolaus von Kues: De docta ignorantia, Buch I, im Auftrag der Heidelberger

on insgesamt wird. Wissenschaft, die sich an diesem Konzept orientiert, gibt das Ideal des Wissens nicht auf, aber argumentiert für eine ständige kritische Überprüfung und Annäherung an den Erkenntnisgegenstand.

Sicherlich ist die wissenschaftliche Forschung des Cusaners – wie des Wissenschaftstreibens der Universitäten des 15. Jahrhunderts insgesamt – dabei nur bedingt unter dem modernen Diktum der Wissenschaftsfreiheit zu betrachten. Denn trotz aller Offenheit gegenüber neuen wissenschaftlichen Ideen waren die weltanschaulichen Hintergrundannahmen noch sehr stark, so dass das, was als legitimes Wissen interpretiert wurde, eindeutig reglementiert war. Trotzdem ist der Ansatz von Cusanus wegweisend für das moderne Ideal der Wissenschaftsfreiheit, denn sein erkenntnistheoretischer Ansatz eines wissenden Nichtwissens eröffnet erst die Arenen für die neuzeitliche Wissenschaft, die sich von eindeutigen Vorannahmen zu lösen vermag. Deshalb interpretieren bis heute viele Philosophen Cusanus als einen wichtigen Meilenstein auf dem Weg der modernen Wissenschaft.[2]

Ein Philosoph der Gegenwart, dessen Denken indirekt dieses Ideal des wissenden Nichtwissens zum Movens seines gesamten Philosophietreibens gemacht hat, ist Jacques Derrida. Seine Philosophie der Dekonstruktion ist einer der zentralen Ansätze der Postmoderne, der viele geisteswissenschaftliche Forschungen prägt. Ähnlich wie Cusanus ist Derrida skeptisch gegenüber starken Wahrheitsansprüchen. Derrida will stattdessen die Mehrdeutigkeiten und Ambivalenzen sprachlicher Ausdrücke aufspüren, um damit dem Anderen oder dem unerwarteten Ereignis Raum zu geben. Dieses negativ-dialektische Wissensverständnis zieht Derrida auch heran, um die Zukunft der Universität angesichts aktueller Herausforderungen zu skizzieren. Unter dem Begriff der „unbe-

---

Akademie der Wissenschaften hg. von Ernst Hoffmann u. a., 4. Auflage, Hamburg 1994.

2 Vgl. exemplarisch Ernst Cassirer: Individuum und Kosmos in der Philosophie der Renaissance (Studien der Bibliothek Warburg, Band 10), Leipzig u. a. 1927, oder Heinrich Rombach: „Es ist kaum möglich, die Wichtigkeit des Cusaners für die Entwicklung der neuzeitlichen Wissenschaft zu überschätzen [...]. Der Horizont seines Denkens schließt nicht nur die wichtigsten Gedankenkreise des Descartes in sich, er enthält nicht nur die wichtigsten Anstöße für die Metaphysik des Spinoza und Leibniz, sondern ist auch vorbildlich und fundamental für die kantische Wendung der Philosophie und damit für den deutschen Idealismus" (Heinrich Rombach: Substanz, System, Struktur. Die Ontologie des Funktionalismus und der philosophische Hintergrund der modernen Wissenschaft, Band 2, 2. Auflage, Freiburg i. Br., München 1981, S. 150).

dingten Universität" plädiert er für die Notwendigkeit einer freien Wissenschaft, die ständig neu auf ihre eigenen Bedingungen reflektiert.

Im folgenden Beitrag werden die beiden Ansätze von Cusanus und Derrida als zwei Konzeptionen einer freien Wissenschaft rekonstruiert. Das Ideal einer sich ständig erneuernden und deswegen grenzenlosen Kritik kristallisiert sich hierbei als zentrales Merkmal heraus. Vor dem Hintergrund der beiden Rekonstruktionen werden abschließend Schlussfolgerungen für die aktuelle Debatte über das Ideal einer freien Wissenschaft aus philosophischer Sicht gezogen.

1. Nicolaus Cusanus und die Befreiung der Wissenschaft von scholastischem Denken

1.1 Das wissende Nichtwissen als Ideal der Wissenschaft

Cusanus interpretiert das Erkenntnisstreben als ein menschliches Grundvermögen, das auf Wahrheit ausgerichtet ist. Die Wahrheitssuche geschieht durch Vergleichen, insofern neue Erkenntnis mit bereits gesicherter verglichen und in diese eingeordnet wird. „Alle Forschung besteht also im Setzen von Beziehungen und Vergleichen."[3] Zentrale These von Cusanus ist, dass diese rationale Erkenntnis niemals absolute Wahrheit erreichen kann, sondern sie immer eine Annäherung an die sinnlich wahrgenommene Wirklichkeit bleibt. „Der Geist also, der nicht die Wahrheit ist, erfasst die Wahrheit niemals so genau, dass sie nicht ins Unendliche immer genauer erfasst werden könnte."[4] Das in dieser These enthaltene Erkenntnismoment des Nichtwissens führt allerdings nicht in einen Skeptizismus, sondern wird für ihn zum Erkenntnisideal.

Neben der rationalen Erkenntnis gibt es für Cusanus eine weitere Erkenntnisebene, und zwar die der Vernunft, die genau dieses Ideal des wissenden Nichtwissens einsehen kann. Auf dieser Ebene der Vernunft wird auch die Gottesfrage gestellt. In der scholastischen Tradition des Mittelalters stehend ist es für Cusanus einsichtig, dass sich die Vernunft dem Absoluten zuwendet. Im Gegensatz zur scholastischen Philosophie kritisiert er allerdings das bis dahin (fast) unangetastete Nichtwiderspruchsprinzip der aristotelischen Tradition. Zwar behält es im Bereich rationaler Erkenntnis seine Gültigkeit, doch wenn es

[3] Nikolaus von Kues: De docta ignorantia (wie Anm. 1), N. 3.

[4] Ebd., N. 310.

um metaphysische Einsichten geht, darf dieses Prinzip seiner Meinung nach nicht verabsolutiert werden, sondern es muss eine neue Methode bzw. Gedankenfigur gefunden werden, um metaphysische Fragen beantworten zu können.

In der „coincidentia oppositorum“ findet Cusanus die für diese Einsicht angemessene Gedankenfigur. Eine letzte objektive Erkenntnis über die Einheit von Wirklichkeit (die für Cusanus in der platonischen Tradition stehend mit dem Absoluten zusammenfällt) ist aufgrund der erkenntnistheoretischen Grenzen nicht möglich. Das Moment des Nichtwissens gilt der Meinung von Cusanus nach auch – und in ganz besonderer Weise – für die Frage nach dem Absoluten. Deshalb kann der Mensch nur in paradoxen Aussagen über diese Einheit sprechen. „Weil also nun das absolut Größte in absoluter Aktualität alles ist, was sein kann, und zwar derart frei von irgendeiner Art des Gegensatzes, dass im Größten das Kleinste koinzidiert, darum ist das absolut Größte gleicherweise erhaben über alle bejahende und verneinende Aussage.“[5] Im Absoluten fallen das Größte und das Kleinste in eins; die Aufhebung des Nichtwiderspruchsprinzips bei der Rede über Gott ist für Cusanus die einzige Möglichkeit, sich diesem denkend anzunähern, womit er sich in die Tradition der negativen Theologie stellt.

Vor diesem erkenntnistheoretischen Horizont entwickelt Cusanus eine Frühform relationaler Ontologie. Die zentrale Denkfigur hierfür ist die der Ein- und Ausfaltung. Welt ist für ihn die Ausfaltung der unendlichen Einheit. Diese Einheit ist nicht im Sinne einer numerischen Einheit zu verstehen, sondern sie liegt qualitativ auf einer anderen Ebene. Sie ist der Ursprung und der Verbindungsgrund alles Seienden.[6] Wenn jeder Teil von Welt aus dieser Einheit ausgefaltet ist, dann steht er immer schon in einem dynamischen Zusammenhang mit jedem anderen

---

[5] Ebd., N. 12; vgl. zur systematischen Erläuterung des Zusammenfalls der Gegensätze außerdem Josef Stallmach: Der „Zusammenfall der Gegensätze“ und der unendliche Gott, in: Klaus Jacobi (Hg.): Nikolaus von Kues. Einführung in sein philosophisches Denken, Freiburg 1979, S. 56–73. Die historischen Hintergründe der Gedankenfigur werden nachgezeichnet in Stephan Meier: Von der Koinzidenz zur coincidentia oppositorum. Zum philosophiegeschichtlichen Hintergrund des Cusanischen Koinzidenzgedankens, in: Olaf Pluta (Hg.): Die Philosophie im 14. und 15. Jahrhundert, Amsterdam 1988, S. 321–342.

[6] Vgl. besonders Nikolaus von Kues: De docta ignorantia, Buch II, im Auftrag der Heidelberger Akademie der Wissenschaften hg. von Ernst Hoffmann u. a., 3. Auflage, Hamburg 1999, S. 37 ff.

Seienden. Das einzelne Seiende kann deshalb nicht losgelöst von dem Relationengeflecht, in das es eingebunden ist, sondern nur in seiner Relationalität zum Welt-Ganzen verstanden werden. Die Analyse der (substanziellen) Teile der Welt tritt damit in den Hintergrund, und es entsteht eine Theorie der Relationalität von Welt. Deshalb kann geschlussfolgert werden, dass Korrelationalität und Relationalität „die Konstituenten der Philosophie des Nikolaus von Kues schlechthin"[7] sind.

Die Konzeption von Cusanus bringt noch in eine andere Richtung eine Intensivierung relationalen Denkens mit sich. Indem er die Erkenntnis des Absoluten relativiert, wird damit das Erkennen insgesamt aus dem religiösen Kontext herausgelöst und bekommt – zumindest der Tendenz nach – einen gewissen Autonomiestatus, weshalb auch den Einzelwissenschaften ein größerer Stellenwert zugesprochen wird. In der Loslösung des Denkens aus einer absoluten Einbindung in den religiösen Kontext findet die neuzeitliche Wissenschaft ihren Ausgangspunkt, jedoch in dem Wissen um die Begrenztheit ihrer Erkenntnisse. Anstöße für Forschungen in nicht-theologischen Disziplinen finden sich an vielen Stellen bei Cusanus und nicht zuletzt deshalb gilt er geschichtlich betrachtet als ein Vorreiter neuzeitlichen Denkens.

Kurze Zeit nach der Veröffentlichung des cusanischen Werkes publiziert Johannes Wenck eine sehr akzentuierte Gegenposition unter dem Titel „De ignota litteratura".[8] Seine Argumentation entzündet sich nicht zuletzt an den theologischen Konsequenzen, die sich aus der Theorie eines belehrten Nichtwissens und einer negativen Theologie ergeben. Gott wird seiner Ansicht nach bei Cusanus verunendlicht, womit letztlich keine trinitarische Gottesrede und Menschwerdung mehr sinnvoll denkbar sind. „Diese Schrift des Cusanus widerspreche dem christlichen Glauben; sie führe die Geister vom Gehorsam gegen Gott ab; sie verhindere die wahre christlich hingegebene Meditation und setze an ihre

---

7 Burkhard Mojsisch: Relation II. Spätantike, Mittelalter und Renaissance, in: Joachim Ritter (Hg.): Historisches Wörterbuch der Philosophie, Band 8, Basel u. a. 1992, S. 586–595, hier S. 592; vgl. dazu auch Julia Inthorn, Michael Reder: Philosophie und Mathematik bei Cusanus. Eine Verhältnisbestimmung von dialektischem und binärem Denken (Kleine Schriften der Cusanus-Gesellschaft 16), Trier 2005.

8 Vgl. Jasper Hopkins: Nicholas of Cusa's Debate with John Wenck, 3. Auflage, Minneapolis 1988, S. 97–118; vgl. außerdem Kurt Flasch: Wissen oder Wissen des Nicht-Wissens. Wenck gegen Cusanus, in: ders.: Einführung in die Philosophie des Mittelalters, Darmstadt 1987, S. 181–195.

Stelle eine wissenschaftliche Sehweise, eine *visio scientalis*, die den Geist nur aufblähe."[9] Hinter seiner Kritik steht letztlich ein klassischer Pantheismusvorwurf: Cusanus lässt alles in Einem versinken, wodurch die erkennbaren Gegenstände vergottet und keine Differenz des Abbilds vom Urbild mehr möglich ist, so der Vorwurf. Demgegenüber betont Wenck, dass dem Unendlichen nicht alle Prädikate zukommen können.

Die philosophische Kritik von Wenck fokussiert vor allem auf die Transformation des Aristotelischen Wissenskonzepts. „Cusanus zerstöre jede wissenschaftliche Diskussion, indem er das Verbot aufhebe, widersprechende Sätze sogleich für wahr zu halten."[10] Wenck will die Möglichkeit von Wissen mit philosophischen Mitteln sichern und plädiert im Sinne von Aristoteles für eine Einordnung der sinnlich wahrnehmbaren Vielheit in ein Kategorienschema. Die Methode der erkenntnistheoretischen Annäherung des Cusaners zerstöre gerade ein solches Ordnungsschema, womit nicht nur die Philosophie, sondern auch das Nachdenken über die Natur als solches unmöglich werde.

Einige Jahre später erwidert Cusanus wiederum diese Vorwürfe und verteidigt seinen erkenntnistheoretischen Ansatz unter dem Titel „Apologia de docta ignorantia".[11] Er betont, dass Wissen notwendig grenzenlos ist und nicht auf klar fixierbares starres Wissen über das Wesen von Dingen reduziert werden darf, nicht zuletzt weil das Individuelle damit nicht angemessen gedacht werden kann. Das überzogene Aristotelische Wissenskonzept von Wenck ist für Cusanus eine rationale Selbstbehauptung, in dem Verstandesprämissen als universale Strukturen von Wirklichkeit ausgegeben werden. Der Aristotelischen Sekte fehle eine kritische Reflexion des eigenen Erkenntnisvermögens, so seine pointierte Schlussfolgerung.

Auch theologisch weist Cusanus die Vorwürfe von Wenck zurück: Gott wird in seinem Ansatz nicht mit der Welt gleichgesetzt, sondern die Wirklichkeit ist eine Entfaltung des Unendlichen. Das göttliche Prinzip

---

9 Kurt Flasch: Nikolaus von Kues. Geschichte einer Entwicklung, Frankfurt a. M. 1998, S. 181; vgl. bezüglich einer kritischen Rekonstruktion der Hintergründe und Motive von Wenck in dieser Auseinandersetzung Rudolf Haubst: Studien zu Nikolaus von Kues und Johannes Wenck. Aus Handschriften der vatikanischen Bibliothek (Beiträge zur Geschichte der Philosophie und Theologie des Mittelalters, Band 38), Münster 1955, S. 83–136.

10 Kurt Flasch: Nikolaus von Kues (wie Anm. 9), S. 183.

11 Nikolaus von Kues: Apologia de docta ignorantia (Opera omnia, Band II), Leipzig 1932.

ist daher durch reine Abstraktion nicht bestimmbar, sondern es braucht eine Vernunfteinsicht, um sich dem Unendlichen nähern zu können. Mit dem Gedanken der Koinzidenz will Cusanus die philosophische Theologie an erkenntnistheoretische Grenzen führen, um ein angemessenes Verständnis des Unendlichen gewinnen zu können.

1.2 Schlussfolgerungen für das Verständnis von Wissenschaftsfreiheit

Die Auseinandersetzung zwischen Wenck und Cusanus zeigt, in welchen Bahnen wissenschaftliche Diskurse in der Zeit der Renaissance geführt wurden. Außerdem veranschaulicht sie, inwiefern weltanschauliche Annahmen auf beiden Seiten eine wichtige Rolle gespielt haben.

Die Debatte zeigt aber auch in bereits deutlich erkennbaren Zügen, was notwendige Bedingungen von Wissenschaftsfreiheit sind. Je nach philosophischer bzw. erkenntnistheoretischer Position ist es nämlich leichter möglich, eine kritische Reflexion auf die Wirklichkeit zu leisten und mit Kritik umzugehen. Das cusanische Erkenntniskonzept erweist sich in dieser Hinsicht auf einer reflexiv höheren Stufe, weil mit der Unterscheidung von Vernunft und Verstand und dem Modell der Annäherung an den Erkenntnisgegenstand Individualität und Pluralität innerhalb des Wissensprozesses überzeugender konzeptualisiert werden können. Die grundlegende Skepsis gegenüber der eigenen Erkenntnis ist leitend für den Wissensprozess und motiviert zu immer wieder neuen Beschreibungen und Erklärungen von Wirklichkeit.[12] Vor diesem Hintergrund wird der Wissenschaft nicht von vornherein ein festes Korsett angelegt, sondern plurale Erkenntniswege sind gerade ein notwendiges Wesensmerkmal wissenschaftlicher Diskurse. Damit erweist sich eine erkenntnistheoretische Vorsicht als eine wichtige Grundbedingung von Wissenschaftsfreiheit. Erst wenn die Vielfalt von gleichermaßen gut begründeten Einsichten anerkannt und auch erkenntnistheoretisch in das Wissenskonzept integriert wird, ist letztlich Wissenschaftsfreiheit möglich – dies zeigt die Rekonstruktion der Überlegungen von Cusanus und der kritischen Einwände von Wenck deutlich.

---

[12] Theologisch gesprochen sind deshalb immer unterschiedliche, kulturell bedingte Wege zum Unendlichen denkbar, weil nach dem Paradigma der Koinzidenz der Gegensätze kein eindeutiger Weg begründet werden kann. In „De pace fidei" formuliert Cusanus diesen Gedanken für den interreligiösen Dialog in einer bis heute wegweisenden Form aus; vgl. Nikolaus von Kues: Der Friede im Glauben, hg. von Rudolf Haubst, 3. Auflage, Trier 2003.

Interessant ist an der Auseinandersetzung der beiden Autoren noch ein zweiter Aspekt: Wencks Häresie- und Pantheismusvorwurf, den er philosophisch mit Aristoteles begründet, läuft letzten Endes auf die Schlussfolgerung hinaus, dass die Überlegungen von Cusanus nicht nur zu kritisieren sind, sondern als gänzlich unwissenschaftlich zurückgewiesen werden müssen. Mit seinem erkenntnistheoretischen Modell zieht Wenck also die Grenzen des Raumes wissenschaftlichen Nachdenkens deutlich enger als Cusanus. Wer sich außerhalb bestimmter Argumentationswege bewegt, so die Schlussfolgerung, wird als unwissenschaftlich disqualifiziert – ein Vorwurf, der bis heute in besonders strittigen wissenschaftlichen Auseinandersetzungen zu finden ist.

Natürlich brauchen Wissenschaften Grenzen, denn nicht jede Aussage über Wirklichkeit ist automatisch wissenschaftlich. Wissenschaften müssen nach außen eine Grenze ziehen, beispielsweise wenn sie – mit Luhmann gesprochen – nur die Aussagen akzeptieren, die mit dem Code wahr/unwahr operieren.[13] Was als wahre Aussage interpretiert wird, ist allerdings wiederum eine Aushandlungsfrage innerhalb der Wissenschaften. Dort, wo Aussagen vorschnell als unwissenschaftlich abgetan werden, erscheint Vorsicht geboten, ob hier dieser Aushandlungsprozess gut begründet oder stärker machttheoretisch strukturiert ist.

2. Jacques Derrida, die Dekonstruktion und das Ideal der unbedingten Universität

2.1 Das Denken der différance als Kern der (politischen) Philosophie

Der philosophische Ansatz von Derrida verschreibt sich der Kritik einer starken Metaphysik. In einer Dekonstruktion menschlicher Sprache zeigt er auf, dass lange Zeit die Schrift als etwas Sekundäres im Vergleich zum beschriebenen Gegenstand interpretiert wurde. Traditionelle Metaphysik argumentiert nach Derrida entsprechend dem „Gesetz der Präsenz“[14], womit das Seiende auf eine Substanz reduziert und gleichzeitig die Gegenwart als zeitlicher Bezugspunkt verabsolutiert wird. Demgegenüber will er die Sprache nicht als Sekundäres verstehen, sondern ar-

[13] Niklas Luhmann: Die Wissenschaft der Gesellschaft, Frankfurt a. M. 1990.

[14] Jacques Derrida: Die Struktur, das Zeichen und das Spiel im Diskurs der Wissenschaften vom Menschen, in: ders.: Die Schrift und die Differenz, Frankfurt a. M. 1972, S. 422–442, hier S. 424.

gumentiert, dass jedes Wort in einem Netz von geschichtlichen und textuellen Bezügen steht. Für Derrida ist Text „praktisch alles. Es ist alles, das heißt, es gibt einen Text, sobald es eine Spur gibt, eine differentielle Verweisung von einer Spur auf die andere. Und diese Verweise bleiben nie stehen. Es gibt keine Grenzen der differentiellen Verweisung einer Spur auf die andere."[15] Sprache wird damit zu einem Netzwerk von Verweisungszusammenhängen, weshalb sich die Bedeutung von Worten nur aus den verästelnden Differenzen dieser Zusammenhänge erklären lässt. Eine wichtige Konsequenz aus diesem Sprachverständnis ist, dass sich Bedeutung nie vollständig fixieren lässt, sondern ständig im Sprachgeschehen verändert.

Der Begriff der différance ist dabei der Fokus des dekonstruktivistischen Ansatzes. Mit dem *a* in dem Wort différance betont Derrida, dass die Differenz zwischen dem Wort und dem, was damit angezielt wird, nie vollständig überwunden werden kann. Differenz meint deshalb eine sich ständig vollziehende Dynamik der Bedeutungsverschiebung. Différance ist eine produktive Hervorbringung der Differenzen, denn „während wir uns indes dem infinitiven und aktiven Kern des différer nähern, neutralisiert ‚différance' (mit *a*) das, was der Infinitiv als einfach aktiv kennzeichnet."[16] Die philosophische Reflexion der différance will scheinbar eindeutige Differenzen aufspüren, (hierarchische) Ordnungen von Gegensätzen aufdecken und zeigen, dass diese Differenzen immer von komplexen Bedeutungsverschiebungen oder Mehrdeutigkeiten durchzogen sind. Die Dekonstruktion ist damit eine philosophische Methode, welche die Struktur von Wirklichkeit als textuelles Geschehen analysiert und einer kritischen Reflexion unterzieht.

Auch im Bereich des ethischen oder politischen Sprechens wird das Andere und Ereignishafte oftmals von eindeutigen Gegensatzpaaren überlagert, so Derridas Kernthese. Diese Einsicht zeigt er am Beispiel des Nachdenkens über Gerechtigkeit auf.[17] Derrida will entsprechend der Gedankenfigur der différance die scheinbar eindeutige Grenzziehung von gerecht und ungerecht hinterfragen und die Möglichkeiten einer überzeugenden Rede von Gerechtigkeit diskutieren. Recht und Gerechtigkeit sind dabei zwar aufeinander verwiesen, aber die allgemeine

---

[15] Jacques Derrida: Die différance, in: ders: Randgänge der Philosophie, 2. Auflage, Wien 1999, S. 31–56, hier S. 51.

[16] Ebd., S. 37.

[17] Jacques Derrida: Gesetzeskraft. Der „mystische Grund der Autorität", Frankfurt a. M. 1991.

rechtliche Regel kann nur bedingt dem Einzelfall gerecht werden, denn „jeder Fall ist anders, jede Entscheidung ist verschieden und bedarf einer vollkommen einzigartigen Deutung, für die keine bestehende, eingetragene, codierte Regel vollkommen einstehen kann und darf."[18] Deshalb ist die politisch-rechtliche Umsetzung von Gerechtigkeit ebenfalls begrenzt und doch gleichzeitig auf das Recht angewiesen. „Aus diesem Paradoxon folgt, dass man niemals *in der Gegenwart* sagen kann: eine Entscheidung oder irgend jemand *sind* gerecht (das heißt frei und verantwortlich); und noch weniger: ‚*ich bin* gerecht'."[19] Und trotzdem bleibt Gerechtigkeit als Idee des Rechts das anvisierte Ziel – aber letztlich als eine Erfahrung des Unmöglichen.[20]

In genau dieser aporetischen Erfahrung zeigt sich indirekt der positive Gehalt von Gerechtigkeit. Gerechtigkeit ist nicht vollkommen herstellbar, aber sie ist genau deshalb ein wichtiger Orientierungsmaßstab für politisches Handeln, weshalb Derrida betont, dass, wenn man über Gerechtigkeit spricht, das Wort „vielleicht" hinzugefügt werden sollte. „Vielleicht – wenn es um (die) Gerechtigkeit geht, muss man immer vielleicht sagen. Die Gerechtigkeit ist der Zukunft geweiht, es gibt Gerechtigkeit nur dann, wenn sich etwas ereignen kann, was als Ereignis die Berechnungen, die Regeln, die Programme, die Vorwegnahmen usw. übersteigt."[21] Gerechtigkeit zeigt sich damit als unendliche Gerechtigkeit, womit Derrida die unbedingte und in dieser Weise un-endliche Offenheit für das Andere zum Ausdruck bringen will.

An dieses Verständnis von Gerechtigkeit schließt Derrida seine Überlegungen zur Politik an.[22] Nach dem 11. September hat sich seiner Ansicht nach gerade auf globaler Ebene eine neue Intoleranz ausgebreitet, die der Idee einer unendlichen Gerechtigkeit (fast) diametral entgegensteht. Der Weg zu einer gerechten Gesellschaft ist aber auch auf globaler Ebene eine Erfahrung der Unmöglichkeit und trotzdem das immer neu anzuvisierende Ziel. Derrida nennt diese Vision eine „kommende Demokratie".[23] Demokratie ist kommend, nicht ankommend im Sinne, dass sie

---

18 Ebd., S. 48.

19 Ebd., S. 48.

20 Vgl. hierzu beispielsweise Eddo C. Evink: Jacques Derrida and the Faith in Philosophy, in: Southern Journal of Philosophy 42 (2004), S. 313–331.

21 Jacques Derrida: Gesetzeskraft (wie Anm. 17), S. 56.

22 Jacques Derrida: Politik der Freundschaft, Frankfurt a. M. 2000, oder ders.: Schurken. Zwei Essays über die Vernunft, Frankfurt a. M. 2003.

23 Jacques Derrida: Schurken (wie Anm. 22), S. 150 f.

zu einem bestimmten (zukünftigen) Zeitpunkt vollendet werden könnte, worin sich wiederum der Grundgedanke der différance ausdrückt. Die Suche nach globaler Gerechtigkeit im Sinne einer unendlichen Gerechtigkeit ist dabei der normative Kern dieser kommenden Demokratie.

2.2 Die unbedingte Universität als Ideal einer freien Wissenschaft

Derridas Philosophie der Dekonstruktion hat in vielerlei Hinsicht Auswirkungen auf das Verständnis einer freien Wissenschaft. Im Kern der Wissenschaft steht für Derrida die Skepsis gegenüber allen eindeutig verwendeten Begriffen bzw. Gegensätzen, weshalb seine Philosophie letztlich um die Kritik und Auflösung solcher Bestimmungen kreist. Wissenschaft besteht in dieser Perspektive vor allem darin, sich weder von wissenschaftlichen Traditionen noch von der Alltagssprache in ein zu enges semantisches Korsett zwängen zu lassen, weil dieses den Ambivalenzen und Mehrdeutigkeiten der Sprache nicht gerecht wird. Wissenschaftsfreiheit, so lässt sich zugespitzt formulieren, besteht in der Freiheit, jede (scheinbar) eindeutige Begriffsverwendung kritisch zu hinterfragen. Wissenschaftsfreiheit ist ein Ideal der Profession des Wissenschaftlers, um diesen Prozess in jedem gesellschaftlichen Kontext und zu jeder Zeit von neuem zu beginnen.

Derrida hat diese Überlegungen in einem Vortrag, den er zuerst in den USA (1998) und dann auf Einladung von Habermas in Frankfurt (2001) gehalten hat, unter den Titel „Die unbedingte Universität" gestellt.[24] In diesem pointierten Text zeigt sich, wie insbesondere die Geisteswissenschaften heute herausgefordert sind, ihr Recht auf Dekonstruktion zu verteidigen bzw. neu zu konstituieren – gerade in Zeiten, in denen politische oder ökonomische Zwänge die Freiheit der Wissenschaften mehr und mehr in Frage stellen oder gar gefährden. Denn die Universität „läuft Gefahr, schlicht und einfach besetzt, erobert, gekauft, zur Zweigstelle von Unternehmen und Verbänden zu werden."[25]

Das Recht auf Dekonstruktion wird deshalb gleich zu Beginn der Überlegungen als ein Grundrecht der freien Wissenschaft interpretiert. „Ich berufe mich auf das Recht auf Dekonstruktion als unbedingtes Recht, nicht allein die Geschichte des Begriffs Mensch, sondern die Geschichte des Kritikbegriffs selbst, ja noch die Form und Autorität der Frage, die Form des Denkens als Befragung, kritischen Fragen

---

[24] Jacques Derrida: Die unbedingte Universität, Frankfurt a. M. 2001.

[25] Ebd., S. 17.

auszusetzen."[26] Dieses Recht auf Dekonstruktion interpretiert Derrida als ein Recht auf Widerstand gegenüber eindeutigen Begriffsverwendungen oder sprachlichen Vorgaben, die ausschließlich durch externe Gründe festgelegt werden – z. B. wenn durch ökonomische Gründe die Arena des Wissenschaftstreibens semantisch beschränkt wird. „Dieses Prinzip unbedingten Widerstands ist ein Recht, das die Universität selbst zugleich *reflektieren, erfinden und setzen* müsste"[27], d. h. das Widerstandsrecht der freien Wissenschaften ist nicht nur ihr eigener Motor, sondern dieses muss immer wieder reflektiert und neu geschaffen bzw. wissenschaftspolitisch umgesetzt werden.

Zentral in diesen Überlegungen ist die Bestimmung der Universität (als institutioneller Ort der Wissenschaft in modernen Gesellschaften) als unbedingt. Der Titel dieses Vortrags „bringt zunächst zum Ausdruck, dass die moderne Universität eine *unbedingte*, dass sie *bedingungslos*, von jeder einschränkenden Bedingung frei sein *sollte*."[28] Diese kritische Distanz zu den eigenen Bedingungen, von denen sich die Universität natürlich nie vollkommen lösen kann, ist ein ständiger Prozess des „als ob". Derrida bezeichnet die Universität deshalb als einen Ort des Ereignisses, das – ähnlich wie bei den Überlegungen zur unendlichen Gerechtigkeit oder zur kommenden Demokratie – niemals in einem technischen Sinne hergestellt werden kann. Nur im Vollzug des Wissensideals der Dekonstruktion ist es möglich, das bedingungslose und unendliche Ereignis zur Sprache kommen zu lassen. Diese Bestimmung der Wissenschaft fällt der Universität nicht leicht, denn traditionellerweise vollzieht sie meist nichts anderes „als die Erzeugung und Lehre von *Wissen*, das heißt von Erkenntnissen, die prinzipiell in der Form nicht performativer, sondern konstativer Äußerungen zur Sprache gebracht werden."[29] Gerade deshalb ist für Derrida eine Reflexion der Wissenschaften im Allgemeinen und der Universität im Besonderen auf ihre Grundlagen heute von so großer Bedeutung.

Hierzu ist ein Blick auf den Wahrheitsbezug der Wissenschaft wichtig. Kant hatte diesen in seiner Schrift „Zum Streit der Fakultäten" in das Zentrum der Philosophie gestellt. Wohingegen Fakultäten wie Medizin und Rechtswissenschaften unter dem Diktum der Nützlichkeit stehen, ist es der Philosophie möglich, unabhängig dieser äußeren Zwänge nach

---

26 Ebd., S. 12 f.

27 Ebd., S. 13.

28 Ebd., S. 9.

29 Ebd., S. 41.

der Wahrheit zu forschen. „Es muss zum gelehrten gemeinen Wesen durchaus auf der Universität noch eine Fakultät geben, die, in Ansehung ihrer Lehren vom Befehle der Regierung unabhängig" und zudem „doch alle zu beurteilen die Freiheit habe, die mit dem wissenschaftlichen Interesse, d. i. mit dem der Wahrheit, zu tun hat, wo die Vernunft öffentlich zu sprechen berechtigt sein muss."[30]

Wenn nun Derrida das Denken des Ereignisses als performativen Akt der Wissenschaft bezeichnet, so führt dies notwendigerweise zu einer Transformation des kantischen Ideals. Zwar teilt Derrida mit Kant die Skepsis gegenüber einer ausschließlich auf Nützlichkeit ausgerichteten Universität, aber er ist gleichermaßen skeptisch gegenüber (Geistes-) Wissenschaften, die ein scheinbar objektivistisches Erkenntnis- und Wahrheitsideal postulieren. Demgegenüber betont die Philosophie der Dekonstruktion das Ereignis, das sich gerade einer solchen objektiven Erkenntnis entzieht. „Während die klassische Philosophie und Erkenntnistheorie stets nach Einheit und Ordnung strebt, macht Derrida das ‚Andere' und in einer ethischen Dimension ‚den Anderen' als nicht subsumierbar Fremdes, radikal Differentes in seiner unaufhebbaren Anderheit [sic!] stark und stellt so die Grundlage dieser Tradition, die sich auf eine verlässliche Wahrheit von Bedeutungen und einer identifizierenden Ordnung durch Begriffe stützt, als unberechtigten Vereinnahmungsversuch bloß. Eine absolute, objektive und in Reinform erkennbare und vermittelbare Wahrheit [...] wird mit dieser Denkweise unvereinbar."[31] Dies bedeutet allerdings keineswegs, dass die Wissenschaften das Ideal der Wahrheit aufgeben sollten – ganz im Gegenteil ist Wahrheit nach wie vor für Derrida der Kern der institutionellen Wissenschaften. „Die Universität macht die Wahrheit *zum Beruf* – und *sie bekennt sich* zur Wahrheit, sie legt ein Wahrheits*gelübde* ab."[32] Es geht aber eben nicht um ein Bekenntnis zur rein gegenständlichen oder technischen Wahrheit, sondern um eine ständige kritische Hinterfragung des Wissens, weshalb Derridas Überlegungen eine explizite Aufforderung sind, „den *Streit um* jene Wahrheit konsequent aufrecht zu erhalten."[33]

---

30 Immanuel Kant: Der Streit der Fakultäten, Hamburg 1959, S. 12; vgl. die Auseinandersetzung Derridas mit dieser Schrift in: Jacques Derrida: Mochlos oder Das Auge der Universität. Vom Recht auf Philosophie II, Wien 2004, S. 11–58.

31 Erik Ode: Das Ereignis des Widerstands. Jacques Derrida und „Die unbedingte Universität" (Epistemata Reihe Philosophie, Band 416), Würzburg 2006, S. 52.

32 Jacques Derrida: Die unbedingte Universität (wie Anm. 24), S. 10.

33 Erik Ode: Das Ereignis des Widerstands (wie Anm. 31), S. 53.

Gerade dieser Streit ermöglicht den Freiraum der Wissenschaft. „Dieses Bekenntnis schließlich schafft den Raum dafür, dass die Wissenschaft im Kommen bleiben kann. In dieser Hinsicht ähneln sich Wissenschaft und Demokratie."[34]

Damit wandelt sich auch das Bild derer, die an den Universitäten lehren und forschen. Nur zu deutlich sind die ökonomischen und politischen Zwänge, mit denen sich Wissenschaftler heute konfrontiert sehen. Die Tätigkeiten des Forschens und Lehrens sind deshalb zu reflektieren und neu zu bestimmen – und gerade dieser Prozess ist nach Derrida momentan in vollem Gange: „Einen Lehrberuf ausüben oder Professor sein, das hieß innerhalb dieser Tradition – und sie ist es, die in einer tiefgreifenden Wandlung begriffen ist – zweifellos nicht allein, Wissen zu vermehren und zu vermitteln, sondern lehrend zugleich öffentlich sich zu diesem Lehrberuf zu bekennen, das heißt zu versprechen, eine Verantwortung zu übernehmen, die im Akt des Wissens oder Lehrens nicht aufgeht."[35] Damit werden die Prozesse des Lehrens und Forschens zu performativen Akten, die sich im Lichte des bedingungslosen Ereignisses vollziehen. Es geht weniger um die technische Herstellung eines wissenschaftlichen Werkes oder die Vermittlung eines klar definierbaren Wissens, sondern um die Ermöglichung von Wissenschaft als grenzenloser Kritik. Dabei verbindet Derrida (wie auch in seinen Überlegungen zur Religion) Glaube und Wissen als wechselseitig aufeinander bezogen. „In einer bestimmten Weise den Glauben ans Wissen zu binden, den Glauben in das Wissen einzubinden, heißt, Bewegungen, die man performativ, und Bewegungen, die man konstativ, deskriptiv oder theoretisch nennen könnte, miteinander zu verknüpfen. Ein Glaubensbekenntnis, eine Verpflichtung, ein Versprechen, eine überkommene Verantwortung – all das verweist nicht auf Diskurse, die ein Wissen zur Sprache bringen, sondern auf Diskurse, die das Ereignis, von dem sie sprechen, hervorbringen."[36]

Die Tätigkeit als Professor ist dabei keine private Berufsausübung, sondern eine Tätigkeit, die erstens eine Profession (im Sinne einer

---

[34] Andrea Liesner, Olaf Sanders: Bildung der Universität, in: dies. (Hg.): Bildung der Universität. Beiträge zum Reformdiskurs (Theorie Bilden, Band 1), Bielefeld 2005, S. 7–17, hier S. 13.

[35] Jacques Derrida: Die unbedingte Universität (wie Anm. 24), S. 40.

[36] Ebd., S. 22. Vgl. zur Thematik der Religion besonders Jacques Derrida: Glaube und Wissen. Die beiden Quellen der Religion an den Grenzen der bloßen Vernunft, in: ders., Gianni Vattimo: Die Religion, Frankfurt a. M. 2001, S. 9–106.

Berufung) impliziert und die zweitens immer auch eine öffentliche Funktion für die demokratische Gesellschaft hat. „*Professer*, das heißt ein Unterpfand hinterlegen, indem man für etwas einsteht und sich dafür verbürgt."[37] In Zeiten von drastischen Sparmaßnahmen und Reformen der europäischen Universitäten erscheint dies als ein fernes Ideal. Doch Derrida insistiert in für ihn typischen Denkschleifen, dass nur so eine freie Wissenschaft gewahrt werden kann. „Das performative Glaubensbekenntnis des Professors, der sich zur Wahrheit bekennt und sich zu ihr verpflichtet, kann vielleicht ein Ereignis zeitigen, welches in seiner absoluten Singularität und Unvorhersehbarkeit über ihn und die Universität hereinbricht. Er muss das Unmögliche tun, um sich und die Universität zu verändern und um Widerstand zu leisten."[38]

Zum Abschluss seines Vortrags identifiziert Derrida zusammenfassend die Herausforderungen für eine zukünftige Universität, die sich dem Ideal der Dekonstruktion und damit einer freien Wissenschaft verschreibt. Sie muss, so Derrida, zum einen ein selbstreflexives Potenzial entwickeln, um sich mit der eigenen Geschichte auseinanderzusetzen (wie es z. B. Foucault getan hat). Die Universität muss zweitens das Bild des Professors in der skizzierten Art und Weise zur kritischen Diskussion stellen. Der Professor sollte sich dem Denken des „als ob" und des Ereignisses widmen und damit die Begrenzungen des eigenen Wissenschaftstreibens kritisch hinterfragen, weshalb Derrida auch nicht von der Forschungsgemeinschaft, sondern von einer „Denk-Gemeinschaft"[39] der Wissenschaftler spricht.

Analog zum Nachdenken über unendliche Gerechtigkeit oder kommende Demokratie sind auch die Wissenschaft und damit die Tätigkeit der Universität immer als ein grenzenloser Prozess zu konzeptualisieren. Damit stellt sich aber die berechtigte Frage, ob eine solche Wissenschaft, verstanden als unbedingte Universität, überhaupt möglich ist: „Kann die Universität (und wenn, wie?) eine unbedingte Unabhängigkeit behaupten, kann sie eine Art *Souveränität* für sich beanspruchen, eine höchst eigene, eine Ausnahmeart der Souveränität, ohne das Schlimmste zu riskieren, nämlich aufgrund der unmöglichen Abstraktion dieser souveränen Unabhängigkeit sich bedingungslos zu ergeben und zu kapitulieren,

---

[37] Jacques Derrida: Die unbedingte Universität (wie Anm. 24), S. 34.

[38] Linda Leskau: Vielleicht ereignet sich das Unmögliche. Überlegungen zu Jacques Derridas „Die unbedingte Universität", in: Mauerschau 1 (2010), S. 48–63, hier S. 62.

[39] Jacques Derrida: Mochlos (wie Anm. 30), S. 88.

sich zu jedem Preis einnehmen und kaufen zu lassen?"[40] Derrida ist sich dessen sicher. Die Universität und mit ihr die Wissenschaften haben das Potenzial, das Ideal der freien Wissenschaften immer wieder neu zu reflektieren und politisch umzusetzen. Dabei wird sie aber auch neue Wege suchen müssen und es ist nicht gesagt, dass das Ideal einer im Derrida'schen Sinne freien Wissenschaft in der Zukunft ausschließlich in der Institution der Universität zu finden sein wird. „Die unbedingte Universität hat ihren Ort nicht zwangsläufig, nicht ausschließlich innerhalb der Mauern dessen, was man heute Universität nennt. Sie wird nicht notwendig, nicht ausschließlich, nicht exemplarisch durch die Gestalt des Professors vertreten. Sie findet statt, sie sucht ihre Stätte, wo immer diese Unbedingtheit sich ankündigen mag. Wo immer sie (sich), vielleicht, zu denken gibt."[41]

3. Fazit für das Nachdenken über Wissenschaftsfreiheit

Nicolaus Cusanus und Jacques Derrida haben in sehr unterschiedlichen Zeiten Philosophie betrieben. Die Veränderungen, die mit der Neuzeit wissenschaftlich, gesellschaftlich, politisch oder ökonomisch einhergingen, sind immens und haben die Art und Weise des Nachdenkens über (menschliche) Wirklichkeit grundlegend verändert. Trotzdem weisen beide Zeiten gesellschaftlich auch einige Ähnlichkeit auf, denn Renaissance wie Postmoderne sind in gewisser Weise globale Umbruchphasen, die das Denken und damit auch die Wissenschaften neu herausgefordert haben.[42]

Cusanus und Derrida haben bei allen offensichtlichen Unterschieden ähnlich auf diese vielfältigen Veränderungen reagiert. Von zwei verschiedenen Standpunkten ausgehend – hier die metaphysische Verankerung in einer religiösen Weltanschauung, dort die postmoderne Subjektkritik und Hinwendung zur Sprache – kommen sie erstaunlicherweise zu ähnlichen Konzeptionen von Erkenntnis und Wahrheit. Denn beide deuten menschliche Erkenntnisprozesse im Sinne einer negativen Dialektik als

---

40 Jacques Derrida: Die unbedingte Universität (wie Anm. 24), S. 17 f.

41 Ebd., S. 77.

42 Vgl. Michael Reder: Global Governance. Philosophische Modelle von Weltpolitik, Darmstadt 2006, S. 11–24, oder die entwicklungshistorischen Rekonstruktionen von David S. Landes: Wohlstand und Armut der Nationen. Warum die einen reich und die anderen arm sind, Berlin 1999.

(unendliche) Annäherungen an die Wirklichkeit und betonen die Skepsis gegenüber eindeutigen Wahrheitsansprüchen oder objektivistischen Erkenntnismodellen, was sich exemplarisch an ihrer Kritik an einem korrespondenztheoretischen Wahrheitsverständnis ablesen lässt.

Von daher ist es verständlich, dass Derrida sich selbst an verschiedenen Stellen mit Cusanus und dessen negativer Theologie auseinandersetzt, beispielsweise in dem in Jerusalem gehaltenen Vortrag „Wie nicht sprechen“ oder in dem als Postscriptum veröffentlichten Artikel „Außer dem Namen“.[43] In der Rekonstruktion der Tradition der negativen Theologie zeigt sich für Derrida die Nähe der Dekonstruktion zum (theologisch orientierten) Nachdenken über das Unendliche.[44] Zwar betont er explizit, dass seine Philosophie nicht als eine negative Theologie verstanden werden darf, vor allem weil die negative Theologie „die Negation einzig als Instrument einer ‚Hyper-Affirmation‘ gebraucht, sie damit jedoch intentional der positiven Setzung eines Seins jenseits allen Seienden unterordnet und so den Dualismus von Negation und Affirmation aufrechterhält.“[45] Gleichzeitig bringen Derridas Ausführungen allerdings zum Ausdruck, dass eine strukturelle Ähnlichkeit zwischen beiden besteht, die sich in einer grundlegenden Skepsis gegenüber der Positivität und Affirmativität von sprachlichen Aussagen niederschlägt. Der Name „Gottes wäre dann der hyperbolische Effekt dieser Negativität [...]. Der Name Gottes träfe auf alles zu, was einen Angang, eine Annäherung, eine Bezeichnung nur in indirekter und negativer Weise zulässt.“[46] Einen solchen Umschlag des Negativen in etwas rein Positives will Derrida durch sein Denken der différance grundsätzlich vermeiden. Deswegen ist seine Philosophie, ähnlich wie die des Cusaners, durch eine grundsätzliche Offenheit gegenüber dem Anderen der Vernunft ausgezeichnet.

---

43 Jacques Derrida: Wie nicht sprechen. Verneinungen, Wien 1989; Jacques Derrida: Außer dem Namen (Post-Scriptum), in: ders.: Über den Namen. Drei Essays, hg. von Peter Engelmann, Wien 2000, S. 63–121.

44 Diese Nähe wurde von unterschiedlichen Autoren vorgebracht, wobei vor allem John Caputo diese Interpretationslinie entscheidend geprägt hat, vgl. John D. Caputo: The prayers and tears of Jacques Derrida. Religion without religion, Bloomington 1997.

45 Joachim Valentin: Atheismus in der Spur Gottes. Theologie nach Jacques Derrida, Mainz 1997, S. 213.

46 Jacques Derrida: Wie nicht sprechen (wie Anm. 43), S. 14.

Was ergibt sich aus dieser strukturellen Ähnlichkeit der beiden erkenntnistheoretischen Modelle für das Verständnis von Wissenschaftsfreiheit? Es lassen sich zwei wichtige Konsequenzen ausweisen, die eine betrifft die Freiheit der Wissenschaft nach innen im Sinne einer Freiheit von internen Reglementierungen, die andere betrifft die Freiheit der Wissenschaft im Sinne einer Abwehr äußerer Einflussnahmen.

Wissenschaftsfreiheit nach innen meint die Notwendigkeit einer internen Wissenschaftsskepsis gegenüber überzogenen Erkenntnis- und Wahrheitsansprüchen, die Cusanus wie Derrida teilen. Weil menschliche Erkenntnis immer nur als ein Prozess der unendlichen Annäherung verstanden werden kann, sollten Mechanismen innerhalb der Wissenschaft etabliert werden, welche die erkenntnistheoretisch begründete Skepsis institutionalisieren, um die Freiheit der Wissenschaft intern zu sichern. Bei Cusanus zeigt sich diese Forderung in der Kritik der „aristotelischen Sekte" in seiner Auseinandersetzung mit Wenck; bei Derrida in dem Plädoyer für eine Wissenschaft, die offen ist für das Denken des Ereignisses. Beide argumentieren also gegen Theorien, die zu stark auf Vereinheitlichung setzen und dem Unendlichen (in Form von unendlicher Erkenntnisannäherung oder unendlicher Gerechtigkeit) keinen Raum (mehr) geben. Dieses erkenntnistheoretische Konzept wird damit zur notwendigen Bedingung einer freien Wissenschaft.[47]

Wissenschaft – dies ist eine zweite Konsequenz aus der Beschäftigung mit den beiden Autoren – ist niemals (nur) eine private Tätigkeit, sondern Teil der Öffentlichkeit. Sie wird sowohl von der Gesellschaft beeinflusst als auch prägt sie diese durch ihre Ergebnisse. Wissenschaft kann deshalb nicht als eine von der Gesellschaft abgekoppelte Tätigkeit verstanden werden, sondern steht mit dieser immer in engen Wechselwirkungen. Wissenschaftsfreiheit von außen bedeutet vor diesem Hintergrund, dass einerseits Wissenschaft als gesellschaftlicher Akteur anerkannt wird und andererseits Wissenschaftstreiben vor einer zu starken Vereinnahmung von äußeren Faktoren (und Akteuren) geschützt werden sollte. Insbesondere sollte die Wissenschaft vor einem ausschließlichen Diktat der Nützlichkeitsbedingung geschützt werden. Eine freie Wissenschaft lebt im Sinne des Cusaners und Derrida vielmehr davon,

---

[47] Im aktuellen Diskurs der Wissenschaften könnte eine stärker ausgebildete und institutionell verankerte Interdisziplinarität die Funktion dieser internen Skepsis übernehmen, weil interdisziplinäre Forschung besser gewährleisten kann, dass verschiedene Perspektiven auf ein zu erklärendes Phänomen konsultiert und damit von vornherein Verkürzungen bei der Theoriebildung vermieden werden.

das Unendliche bzw. das Ereignis (beispielsweise im Sinne einer unendlichen Gerechtigkeit) zu denken. Damit setzt sich die Wissenschaft von ihrem Grundverständnis her von einem rein technisch-instrumentellen Denken ab. Diesen Freiraum sollte sich die Wissenschaft bewahren.

Dies bedeutet – hier ist Derrida zuzustimmen – auch ein Nachdenken über den Beruf des Wissenschaftlers und Professors. In diesem Zusammenhang kann man sinnvollerweise den Aufklärungsimperativ Kants als Ausgangspunkt für die Reflexion des Selbstbildes des Wissenschaftlers nehmen und ihn mit den Überlegungen von postmodernen Autoren wie Foucault und Derrida weiter entwickeln. In diesem Sinne sollte sich der postmoderne Professor die Idee des Widerstandes zu eigen machen, denn in einer freien Wissenschaft geht es letztlich um eine Befreiung der Menschen von Begrenzungen, Vorurteilen und blindem Gehorsam gegenüber festgefahrenen Meinungen. „Philosophie ist eine Bewegung, mit deren Hilfe man sich nicht ohne Anstrengung und Zögern, nicht ohne Träume und Illusionen, von dem freimacht, was für wahr gilt, und nach neuen Spielregeln sucht.“[48] Freiheit der Wissenschaft nach innen wie nach außen bedarf deshalb selbstbewusster Akteure im Wissenschaftsfeld, einer eigenständigen Denk-Gemeinschaft, um auch in Zukunft wissenschaftliche Forschung und Lehre kreativ betreiben zu können. Derrida gibt dem Wissenschaftler hierzu ein überzeugendes Motto mit auf den Weg: „Der Intellekt ist Widerstand, wenn er ist. Beharrliches Frei-Sein-Wollen gegenüber den unendlichen komplexen und vielfältigen Mechanismen der gegenwärtigen Gesellschaft.“[49]

---

48 Michel Foucault: Der Maskierte Philosoph, in: ders.: Von der Freundschaft als Lebensweise, Berlin 1984, S. 9–24, hier S. 22.

49 Jacques Derrida: Die unbedingte Universität (wie Anm. 24), S. 72.

Die normativen Grundlagen der Wissenschaftsfreiheit

Elif Özmen

Die Freiheit der Wissenschaft hat ihre philosophiehistorischen Wurzeln in der Forderung nach der akademischen Freiheit des Denkens, der Rede und der Schrift, die als *libertas philosophandi* zu Beginn des 17. Jahrhunderts erstmals erhoben wird und die in der Spätaufklärung, vor allem in der Idee der neuen (deutschen) Universität, ihre institutionelle Erfüllung findet.[1] Parallel zu dieser Institutionalisierung erfolgt die Verrechtlichung der akademischen Freiheit zur „Wissenschaftsfreiheit", die, wiewohl in den klassischen Menschen- und Bürgerrechtserklärungen nicht behandelt, ab Mitte des 19. Jahrhunderts Teil der deutschen Verfassungen wird.[2] Art. 5 Abs. 3 des Grundgesetzes schreibt schließlich die Freiheit der Wissenschaft, Forschung und Lehre als defensives

---

1 Vgl. die Ausführungen von Robert B. Sutton: The Phrase Libertas Philosophandi, in: Journal of the History of Ideas 14 (1953), S. 310–316. Sutton widerspricht der verbreiteten Auffassung, dass sich der früheste Beleg des Ausdrucks „libertas philosophandi" im Untertitel von Spinozas „Theologisch-Politischem Traktat" (1670) findet und verweist auf Tommaso Campanella (1622) sowie Korrespondenzen von Giordano Bruno und Galileo Galilei. Zu den freiheits- und bildungstheoretischen Grundlagen der „Idee der deutschen Universität" vgl. Ernst Anrich: Die Idee der deutschen Universität. Die fünf Grundschriften aus der Zeit der Neubegründungen durch klassischen Idealismus und romantischen Realismus, Darmstadt 1956.

2 So lauten Art. 151 der Frankfurter Reichsverfassung und Art. 20 der Preußischen Verfassung von 1850 gleichermaßen: „Die Wissenschaft und ihre Lehre ist frei." In der Weimarer Reichsverfassung von 1919 wird ein staatlicher Schutzauftrag ergänzt, Art. 142: „Die Kunst, die Wissenschaft und ihre Lehre sind frei. Der Staat gewährt ihnen Schutz und nimmt an ihrer Pflege teil." Zum Grundrecht der Freiheit von Wissenschaft und Forschung, das eine deutsche Besonderheit darstellt, insofern in den meisten liberalen Demokratien „Wissenschaftsfreiheit" unter „Meinungsfreiheit" subsumiert wird, vgl. Susanne Dreyer-Mälzer: Das Grundrecht der Wissenschaftsfreiheit in den einzelnen Mitglied-

und konstitutives Individualrecht ohne Gesetzesvorbehalt fest;[3] das ist der vorläufige Höhepunkt einer Entwicklung, nach der „es in einem freien Staate jedem erlaubt ist, zu denken, was er will, und zu sagen, was er denkt"[4] und zugleich „diese Freiheit ganz unerlässlich ist zur Förderung der Künste und Wissenschaften"[5]. Baruch de Spinozas Worte lösen in der Wissenschaftsphilosophie der Gegenwart allerdings nur ein geringes Echo aus – jedenfalls sucht man in dem einschlägigen deutschsprachigen Nachschlagewerk zur Wissenschaftstheorie vergeblich nach einem Eintrag zu „Wissenschaftsfreiheit".[6] Wer sich aus philosophischer Perspektive dafür interessiert, bleibt verwiesen auf die Wissenschaftsethik als Teil der Angewandten Ethik, mithin auf Wissenschaftsfreiheit als Abwägungsproblem zwischen der verfassungsrechtlich garantierten Freiheit des Wissenschaftlers und den ethischen Problemen der Erzeugung und Anwendung wissenschaftlichen Wissens.

Diese auch für andere sogenannte Bindestrich-Ethiken problematisch erscheinende Tendenz zur Abkoppelung ethischer Anwendungsfragen von ihren theoretischen Grundlagen birgt im Falle der Wissenschaftsethik die Gefahr der Banalisierung der normativen Dimensionen der Wissenschaft selbst. In einem Verständnis von Wissenschaftsethik als Sonderethik, d. h. als Ethik erster Ordnung, die präsupponierte morali-

staaten, in: Hellmut Wagner (Hg.): Rechtliche Rahmenbedingungen für Wissenschaft und Forschung. Forschungsfreiheit und staatliche Regulierung (Freiheit von Wissenschaft und Forschung, Band 1), Baden-Baden 2000, S. 205–212, sowie Hellmut Wagner: Zur Stellung der Forschungsfreiheit im Gefüge der Grundrechte, in: ebd., S. 229–266.

3 Somit kann nur die Kollision mit anderen Grundrechten oder gleichwertigen Rechtsgütern eine Einschränkung des Schutzbereichs des Grundrechts der Wissenschafts- und Forschungsfreiheit begründen, vgl. Hellmut Wagner: Zur Stellung der Forschungsfreiheit im Gefüge der Grundrechte (wie Anm. 2), Abschnitt C. IV, sowie Rupert Scholz: Art. 5 Abs. III, in: Theodor Maunz u. a. (Hg.): Grundgesetz. Kommentar, Band 1, München 2001, und Erhard Denninger: Art. 5 Abs. III, in: Richard Bäumlin u. a. (Hg.): Kommentar zum Grundgesetz für die Bundesrepublik Deutschland, Band 1, Neuwied 1989.

4 Baruch de Spinoza: Theologisch-Politischer Traktat, in der Übersetzung von Carl Gebhardt, Hamburg 1965, S. 350.

5 Ebd., S. 356.

6 Die von Jürgen Mittelstraß herausgegebene vierbändige Enzyklopädie „Philosophie und Wissenschaftstheorie", Stuttgart 2004, enthält zwar das Lemma „Freiheit", aber in dieser ausführlichen Darstellung philosophischer Freiheitskonzepte findet sich bemerkenswerterweise kein Exkurs zu „Wissenschaftsfreiheit".

sche Normen auf ein nicht-moralisches Themen- oder Handlungsfeld anzuwenden sucht, wird unterstellt, dass Ethik, ja überhaupt die Sphäre der Normen und Werte etwas der Wissenschaft Äußerliches sei. Wissenschaft im Sinne einer gesellschaftlichen Institution, aber auch im Sinne einer spezifischen Tätigkeit der Wissensbildung und eines Paradigmas von Wissen überhaupt, wird demzufolge nicht nur als ein autonomes, eigenen Gesetzen folgendes, sondern als ein autarkes System verstanden. Dieses funktioniert und prosperiert unabhängig von den Normen und Werten, die nicht-wissenschaftliche Institutionen, Tätigkeiten und Wissensformen charakterisieren. Wissenschaftsfreiheit im Sinne eines Abwehrrechts, das die individuelle Freiheit des forschenden Wissenschaftlers gegen außerwissenschaftliche Interventionen möglichst umfassend sichert, fügt sich gut in dieses Wissenschaftsverständnis ein – und vermag vielleicht das Desinteresse weiter Teile der gegenwärtigen Wissenschaftstheorie an diesem Gegenstand bzw. seine Verschiebung in die Wissenschaftsethik und die Rechtswissenschaft zu erklären.

Die folgenden Überlegungen stellen erste Ansatzpunkte einer Kritik des „autarkistischen" Wissenschaftsverständnisses sowie der damit verbundenen Ineinssetzung der normativen Aspekte der Wissenschaft mit Wissenschaftsethik im Sinne einer Sondermoral dar. Zugleich eröffnen die skizzierten erkenntnis- und wissenschaftstheoretischen, ethischen, moralischen und politischen Dimensionen der Wissenschaft philosophische Perspektiven auf Wissenschaftsfreiheit, die ihre Interpretation als bloß defensives Individualrecht inadäquat erscheinen lassen.[7]

1. Ethos der Wissenschaft

Wissenschaft als ein ausdifferenziertes gesellschaftliches Subsystem beruht auf speziellen, zumeist berufsmäßig ausgeübten Tätigkeiten zum Zwecke des Erkenntnisgewinns, der Wissensbildung und Wissensweitergabe, die durch ein Gefüge von Normen strukturiert und gesteuert werden. Dieses sowohl wissenschaftstheoretisch wie auch empirisch zugängliche und in seiner epistemischen Funktion weitgehend unbestrittene

---

[7] Jürgen Mittelstraß konstatiert schon in den 1980er Jahren eine „dreifache Bedeutung der Wissenschaft", in: Jürgen Mittelstraß: Wissenschaft als Lebensform. Zur gesellschaftlichen Relevanz und zum bürgerlichen Begriff der Wissenschaft, in: ders.: Wissenschaft als Lebensform. Reden über philosophische Orientierungen in Wissenschaft und Universität, Frankfurt a. M. 1982, S. 11–36, hier S. 21 f.

Normengefüge umfasst institutionalisierte und sanktionierte Imperative, Begründungs- und Verfahrensregeln, Handlungsorientierungen, Rollenerwartungen, Tugenden wie auch die dazu gehörigen Belohnungs- und Kritiksysteme. Als „Ethos der Wissenschaft" – ein Ausdruck, den bereits der Wissenschaftssoziologe Robert Merton in den 1940er Jahren verwendet – leitet es zum einen methodisch die Praxis der Gewinnung wissenschaftlichen Wissens an.[8] Zum anderen enthält es die Rationalitätsnormen, die Kriterien für Wissenschaftlichkeit formulieren und damit definieren, welche Form des Wissens überhaupt als wissenschaftliches Wissen gelten kann. Systematische Widerspruchsfreiheit, Klarheit, Sparsamkeit, Genauigkeit, Reproduzierbarkeit und intersubjektive Nachprüfbarkeit sind die bekannten und anerkannten Bestandteile dieses Ethos, wohingegen die vom einzelnen Wissenschaftler zu leistende Offenheit (als Gegenteil von Ignoranz), intellektuelle Redlichkeit (als selbstkritische, der Wahrhaftigkeit verpflichtete Tugend) wie auch seine geistige Unabhängigkeit eher nachrangig behandelt werden.[9] Allerdings schreibt das Ethos, das die wissenschaftlichen Rechtfertigungs- und Objektivierungsverfahren wie auch deren Güter bestimmt, auch für die einzelnen Wissenschaftler entsprechende handlungsleitende Überzeugungen und Dispositionen fest bzw. vor. Daher ist das Individualethos, das man auch „die territoriale Ethik des wissenschaftlichen Bereichs nennen" könnte im Sinne des „Gebot[s], ein guter statt ein schlechter Wissenschaftler zu sein",[10] in seiner konstitutiven und stabilisierenden Funktion für die Wissenschaft ebenso wichtig wie die methodischen und begründungstheoretischen und praktischen Normen.[11]

---

[8] Merton ist der erste, der eine Systematisierung dieses praxisleitenden und institutionalisierten „scientific ethos" unternimmt, vgl. seine „Social Theory and Social Structure", London 1964.

[9] Eine Ausnahme ist Bernard Williams, der in seinem „Wahrheit und Wahrhaftigkeit", Frankfurt a. M. 2003, das aufeinander verweisende, voneinander abhängige Verhältnis der epistemischen Tugend Wahrheit und der ethischen Tugend Wahrhaftigkeit darstellt.

[10] Hans Jonas: Wissenschaft und Forschungsfreiheit. Ist erlaubt, was machbar ist?, in: Hans Lenk (Hg.): Wissenschaft und Ethik, Stuttgart 1991, S. 193–214, hier S. 199.

[11] Zumal, wenn das Individuum als der erste Anknüpfungspunkt einer Verantwortungsethik für die Wissenschaft gilt. Das spannungsvolle Verhältnis von dem „Ethos epistemischer Rationalität" und dem „Ethos wissenschaftlicher Verantwortung" stellt dar Julian Nida-Rümelin: Wissenschaftsethik, in: ders. (Hg.): An-

Aber ist damit mehr als ein funktionalistisches Ethos der Wissenschaft angesprochen, das die methodische und institutionelle Praxis anleitet? Ist eine weitergehende Reflexion auf normative Dimensionen, insbesondere auf Zwecke und Werte der Wissenschaft notwendig? Wäre eine solche Reflexion überhaupt legitim angesichts des Postulats der Wertfreiheit der Wissenschaft, die manchmal – in Verzerrung der ursprünglichen Intention Max Webers – so verstanden wird, dass „jede normative Fundierungsbemühung wissenschaftlicher Theoriebildung notwendig ideologisch“[12] und somit irrational wäre? Es handelt sich insofern um eine Verzerrung, als Wertfreiheit bei Weber primär Wertungsfreiheit meint. Um der Objektivität der Wissenschaft willen sind ihre Aussagen frei von evaluativen und normativen Stellungnahmen und Empfehlungen zu halten.[13] Aber damit wird nicht die Wert- und Kulturabhängigkeit der Verpflichtung auf das wissenschaftliche Ethos selbst bestritten. Auch meint Weber nicht, dass dieses selbst bzw. alle seine Bestandteile „voraussetzungslos“ seien, denn vorausgesetzt ist,

> „daß das, was bei wissenschaftlicher Arbeit herauskommt, *wichtig* im Sinne von ‚wissenswert‘ sei. Und da stecken nun offenbar alle unsere Probleme darin. Denn diese Voraussetzung ist nicht wieder ihrerseits mit den Mitteln der Wissenschaft beweisbar. Sie läßt sich nur auf ihren letzten Sinn *deuten*, den man dann ablehnen oder annehmen muß, je nach der eigenen Stellungnahme zum Leben.“[14]

Dass wissenschaftliche Erkenntnisse wichtig im Sinne von wissenswert sind, hängt mit dem Wert dieses Wissens zusammen, der in dem Ethos

---

gewandte Ethik. Die Bereichsethiken und ihre theoretische Fundierung. Ein Handbuch, Stuttgart 2005, S. 834–860.

12 Jürgen Mittelstraß: Wissenschaft als Lebensform (wie Anm. 7), S. 22 f., wobei der Autor explizit nicht Weber interpretiert, sondern gegen ein verbreitetes, aber die Wertfreiheitsthese verzerrendes Verständnis argumentiert.

13 Man muss einsehen, „daß Tatsachenfeststellungen [...] einerseits, und andererseits die Beantwortung der Frage nach dem *Wert* der Kultur [...] und danach: wie man innerhalb der Kulturgemeinschaft und der politischen Verbände *handeln* solle – daß dies beides ganz und gar *heterogene* Probleme sind“, Max Weber: Wissenschaft als Beruf (1919), in: Eckart Otto, Julia Offermann (Hg.): Studienausgabe der Max-Weber-Gesamtausgabe, Band I, Tübingen 1994, S. 1–23, hier S. 15. Vgl. auch Max Weber: Die „Objektivität“ sozialwissenschaftlicher und sozialpolitischer Erkenntnis (1904), in: Johannes Winckelmann (Hg.): Gesammelte Aufsätze zur Wissenschaftslehre, Tübingen 1988, S. 146–214.

14 Max Weber: Wissenschaft als Beruf (wie Anm. 13), S. 13.

der Wissenschaft vorausgesetzt ist. Dieser Aspekt der Wertschätzung wird in einer auf die Analyse von Begriffen fixierten Wissenstheorie aber außer Acht gelassen. Mit der analytischen Methode kann man nicht klären, warum wir diesen Wissensbegriff überhaupt haben, wieso wir den wissenschaftlichen Typ von Wissen für paradigmatisch halten, welche Ziele oder Vorteile wir mit seinem Gebrauch verfolgen, warum wir Wissen, dann aber auch Wissenschaftlichkeit und Wissenschaft überhaupt für wertvoll und erstrebenswert erachten.[15] Das Ethos der Wissenschaft ist nicht „begrifflich gegeben"; auch enthält es mehr als bloße Begründungs- und Kommunikationsregeln für gute wissenschaftliche Praxis, zuvorderst ein intrinsisches Werturteil über den Typ von Wissen, den es normiert.

Unbekümmert von den erkenntnistheoretischen, wissenschaftstheoretischen und metaphysischen Fragen, die sich hier manchem Philosophen aufdrängen mögen, stellt auch das Bundesverfassungsgericht einen Zusammenhang von Ziel und Wert der Wissenschaft her, indem es als Wissenschaft das betrachtet, „was nach Inhalt und Form als ernster und planmäßiger Versuch zur Ermittlung der Wahrheit anzusehen ist."[16] Als inhärentes Ziel wissenschaftlicher Erkenntnisbemühungen werden weder ihre gesellschaftliche Nützlichkeit noch andere politische, ökonomische oder soziale Zwecksetzungen, erst recht nicht die Harmonie mit bestimmten Weltanschauungen betrachtet, sondern schlicht: Wahrheit. Der Wert der Wahrheit ist der Grund für die Wertschätzung des wissenschaftlichen Wissens – und das ist auch der systematische Anknüpfungspunkt für den Wert der Wissenschaftsfreiheit. Denn

„[d]amit sich Forschung und Lehre ungehindert an dem Bemühen um Wahrheit als ‚etwas noch nicht ganz Gefundenes und nie ganz Aufzufindendes' (Wilhelm

[15] So auch Edward Craig: „Man redet vom Wissensbegriff, schreibt ihm diesen oder jenen Umfang zu, schlägt diesen oder jenen Inhalt vor, diese oder jene Bedingungen sollen notwendig und hinreichend sein dafür, daß ein Subjekt etwas weiß. Aber die naheliegende Frage, warum wir einen Begriff gebrauchen, der gerade diesen Umfang und diesen Inhalt hat, wird nicht einmal gestellt, geschweige denn beantwortet. Anders ausgedrückt: das analytische Programm wird so betrieben, als wäre das Analysieren Selbstzweck", in: Was wir wissen können. Pragmatische Untersuchungen zum Wissensbegriff, Frankfurt a. M. 1993, S. 21. Auch Timothy Williamson hält die begriffsanalytische Methode bezüglich Wissen für ausweglos – und somit ein zentrales Anliegen der analytischen Erkenntnistheorie für gescheitert, vgl.: Knowledge and its Limits, Oxford 2000.

[16] BVerfGE 35, 79 (113).

von Humboldt) ausrichten können, ist die Wissenschaft zu einem von staatlicher Fremdbestimmung freien Bereich persönlicher und autonomer Verantwortung des einzelnen Wissenschaftlers erklärt worden."[17]

Wer die Freiheit der Wissenschaft beschneidet, behindert das Bemühen um Wahrheit, das konstitutiv ist für die wissenschaftliche Tätigkeit als solche. Die Idee der Wissenschaft und die Idee der freien Wissenschaft verweisen aufeinander, was sich auch darin ausdrückt, dass dem Grundrecht der Wissenschaftsfreiheit eine objektive Wertentscheidung des Verfassungsgebers zugrunde liegt, aus der die „Verpflichtung des Staates [folgt], sein Handeln positiv an der Idee einer freien Wissenschaft auszurichten, das heißt schützend und fördernd einer Aushöhlung dieser Freiheitsgarantie vorzubeugen."[18]

Aber nicht nur verfassungsrechtlich, sondern auch wissenschaftssoziologisch gilt dieser Zusammenhang als unstrittig. So schreibt Robert Merton den Imperativen des wissenschaftlichen Ethos normative Bindungskraft zu, „nicht nur wegen ihrer prozeduralen Effizienz, sondern weil sie für richtig und gut erachtet werden. Sie sind zugleich moralische und technische Vorschriften.[19] [...] Zweckmäßigkeit und Moral fallen hier zusammen."[20] Das lässt sich auch auf die Freiheit der Wissenschaft übertragen: Sie ist ein funktionaler Imperativ, der gesellschaftlich hoch geschätzte und für wertvoll erachtete Tätigkeiten und Institutionen zum wissenschaftlichen Erkenntniserwerb schützt und unterstützt. Die Autonomie der Wissenschaft ist somit nicht nur eine Bedingung ihrer Möglichkeit im Sinne guter wissenschaftlicher Praxis, sie ist nicht nur – wie die Wissenschaft selbst – *„auf gesellschaftliche Strukturen ganz spezifischer Art*

---

[17] Als frei gilt dem Gericht „insbesondere die Fragestellung und die Grundsätze der Methodik sowie die Bewertung des Forschungsergebnisses und seiner Verbreitung", dazu gehört „ein Recht auf Abwehr jeder staatlichen Einwirkung auf den Prozeß der Gewinnung und Vermittlung wissenschaftlicher Erkenntnisse", BVerfGE 35, 79 (113).

[18] BVerfGE 35, 79 (112 f.).

[19] Robert King Merton: Die normative Struktur der Wissenschaft, in: ders: Entwicklung und Wandel von Forschungsinteressen. Aufsätze zur Wissenschaftssoziologie, Frankfurt 1985, S. 86–99, hier S. 89 f. Die vier Imperative des „scientific ethos" sind Universalismus, Kommunismus, Uneigennützigkeit und organisierter Skeptizismus.

[20] Ebd., S. 92.

angewiesen“, sondern auch auf eine Kultur, „in der der Wissenschaft ein wichtiger, wo nicht dominierender Platz“ zugesprochen wird.[21]

Von philosophischer Seite aus stellt Jürgen Mittelstraß zwar schon in den 1980er Jahren fest, dass die normative Dimension (er spricht von „moralischer Bedeutung“) der Wissenschaft „weitgehend aus dem wissenschaftlichen Bewußtsein entschwunden ist“[22] – und mit ihr das Bewusstsein um die Wert- und Kulturabhängigkeit des wissenschaftlichen Ethos und der Wissenschaftsfreiheit.[23] Allerdings hat diesbezüglich bis in die Wissenschaftsphilosophie der Gegenwart kein Bewusstseinswandel stattgefunden: der systematische Zusammenhang von einer normativen Idee der Wissenschaft mit der Freiheit der Wissenschaft harrt noch immer der tiefergehenden Analyse.

2. Die ethische und moralische Dimension der Wissenschaftsfreiheit

Das Ethos der Wissenschaft ist nicht nur der systematische, sondern auch der historische Kontext, in dem sich die Frage nach der Freiheit der Wissenschaft überhaupt stellen lässt. Denn diese Frage hat sich so lange nicht gestellt, wie der dazugehörige epistemologische, methodische und institutionelle Kontext – sprich: das moderne Wissenschaftsverständnis – nicht ausgebildet war. Für eine ideengeschichtliche Gegenüberstellung des Wissenschaftsverständnisses der Alten und der Neuen soll eine holzschnittartige Darstellung von Aristoteles und Francis Bacon dienen, die die Verbindung von Wissenschaft und Ethik (im Sinne einer Theorie des guten Lebens) sowie von Wissenschaft und Wissenschaftsfreiheit umreißt.[24]

---

21 Ebd., S. 86, Hervorhebung im Original.

22 Jürgen Mittelstraß: Wissenschaft als Lebensform (wie Anm. 7), S. 11.

23 Ebd., S. 21 f.: Die moralische Bedeutung „meine ich, wenn ich im Unterschied zu Wissenschaft als gesellschaftlicher oder methodischer Praxis von *Wissenschaft als Idee* spreche. Moralisch ist diese Idee, weil sie *Autonomie* begründet. Zugleich setzt sie, um zur Entfaltung zu kommen, ein Stück *institutioneller* Autonomie schon voraus.“ Hervorhebungen im Original, und S. 23: „Der Wissenschaftler kann sich gar nicht von denjenigen Lebenszusammenhängen abschneiden, die schließlich auch sein eigenes Tun erst verständlich machen.“

24 Ebendiese Autoren wählt auch Gernot Böhme: Am Ende des Baconschen Zeitalters. Studien zur Wissenschaftsentwicklung, Frankfurt a. M. 1993, Kapitel 1,

„Alle Menschen streben von Natur nach Wissen“, stellt Aristoteles im ersten Satz der „Metaphysik“ fest, um dann aber die „Wissenschaften, die sich weder auf das Angenehme noch auf die notwendigen Bedürfnisse des Lebens beziehen“, von dieser allgemein-menschlichen Wissbegier abzuheben.[25] Insbesondere *episteme* als die höchste Form des Wissens um die ersten Gründe und Ursachen wird von ihm als eine Tätigkeit (*theoria*) verstanden, die eine gewisse Unabhängigkeit von den allzu menschlichen Bedürfnissen, Sorgen und Nützlichkeitserwägungen voraussetzt. „Denn wer das Erkennen um seiner selbst willen wählt“,[26] „des Wissens wegen, nicht um irgendeines Nutzens willen“,[27] der verfolgt auch eine entsprechende Lebensweise (*bios theoretikos*), die durch Genügsamkeit, Unabhängigkeit von anderen Menschen und äußeren Gütern sowie durch Muße gekennzeichnet ist.[28] Die besondere Dignität des theoretischen Wissens und der ihm verpflichteten kontemplativen Lebensform begründet sich in diesem Unterschied zum praktischen Wissen und dem *bios praktikos*. Dieses ist nämlich handlungs- und entscheidungsbezogen, insofern es sich auf die politischen Angelegenheiten, die Polis und ihre Bürger, ausrichtet und von diesen abhängig ist.[29] *Theoria* richtet sich demgegenüber auf ewige, unveränderliche Objekte, die der Weise bzw. der Wissenschaftler passiv nachvollzieht, kontemplativ „schaut“ – und hier „bietet [sich] uns ja außer dem Denken und Betrachten sonst nichts.“[30] Deswegen ist der Wissenschaftler ohne Sorge darüber, ob seine Tätigkeit praktisch relevant ist bzw. die wissenschaftlichen Erkenntnisse einen Anwendungs- oder Nutzenbezug aufweisen. Wissenschaftliches Tätigsein ist sich selbst genug und wird nicht nur „ihrer selbst wegen geliebt“[31] – das hat sie mit dem höchsten Gut *eudaimonia* gemein –, sondern auch ihrer selbst willen betrieben; zudem kann man wissenschaftliches Wissen gleichsam privat

und Otfried Höffe: Moral als Preis der Moderne. Ein Versuch über Wissenschaft, Technik und Umwelt, Frankfurt a. M. 1993, Kapitel 3 und 4.

25 Aristoteles: Metaphysik. In der Übersetzung von Hermann Bonitz, Hamburg 1995, 981 b.

26 Ebd., 982 a.

27 Ebd., 982 b.

28 Vgl. die Ausführungen in Aristoteles: Nikomachische Ethik. In der Übersetzung von Eugen Rolfes, Hamburg 1995, Buch X. 7.

29 Vgl. ebd., Buch X. 8.

30 Ebd., 1177 b.

31 Ebd., 1177 b.

erlangen und besitzen.[32] Diese Unabhängigkeit ist der Grund sowohl für die ethische wie auch die epistemische Vortrefflichkeit der *theoria*, denn sie steht nur in ihren eigenen Diensten, ist ihr eigener Herr und in diesem Sinne frei (*eleutheros*):

„Daraus erhellt also, daß wir sie nicht um irgendeines anderweitigen Nutzens willen suchen; sondern, wie wir den Menschen frei nennen, der seiner selbst willen, nicht um eines anderen willen ist, so auch diese Wissenschaft als allein unter allen freie; denn sie allein ist um ihrer selbst willen."[33]

Wissenschaft folgt nur ihren selbstbestimmten epistemischen Regeln, ist frei von politischen und gesellschaftlichen Bedingungen, übrigens auch frei von Verantwortung gegenüber der Gesellschaft – das meint Aristoteles, gewissermaßen definitorisch, mit der „freien Wissenschaft". Das ist etwas anderes als „Wissenschaftsfreiheit" im Sinne eines normativen Abwehr- und Anspruchsrechts, wie es erst im Zuge der Entwicklung eines neuen Wissens- und Wissenschaftsverständnisses entstehen konnte. Dem Verständnis der Alten zufolge ist Wissenschaft weder innovativ noch emanzipatorisch oder fortschrittlich. Da wissenschaftliche Erkenntnisse eben „außer dem Denken und Betrachten sonst nichts" bieten, sind sie nicht geeignet, um gestalterisch in die als gegebene und wohlgefügt vorgestellte natürliche Ordnung einzugreifen. Erkenntnisse „spiegeln" diese Ordnung, aber sie bewirken nichts in ihr.[34] Die „neue Wissenschaft" der Renaissance bricht mit dieser Vorstellung eines selbstgenügsamen Wissens und kontemplativen Wissenserwerbs zugunsten einer Vorstellung, in der Fortschritt zentral, Innovation das Ziel und der systematische Zweifel an den etablierten wissenschaftlichen Theorien der Motor der Wissenschaft ist.[35]

---

32 Das gilt auch schon für Platons Wissenskonzept. Auch wenn die Weisen ihr Wissen praktisch werden lassen, indem sie die ideale Polis regieren, so bietet Platon im Höhlengleichnis erstaunlich viele – und am Ende nicht sehr überzeugende – Argumente auf, um zu begründen, dass jene, die die Idee des Guten geschaut haben und für sich besitzen, zurückkehren müssen zu den menschlichen, politischen, praktischen Angelegenheiten, vgl. Platon: Der Staat. In der Übersetzung von Otto Apelt, Leipzig 1923, Buch 7.

33 Aristoteles: Metaphysik (wie Anm. 25), 982 b.

34 Der Ausdruck „Spiegel der Natur" geht zurück auf Richard Rortys gleichnamiges Buch, vgl. Richard Rorty: Der Spiegel der Natur. Eine Kritik der Philosophie, Frankfurt a. M. 1987.

35 Vgl. Wolfgang Krohn: Die „Neue Wissenschaft" der Renaissance, in: Gernot Böhme, Wolfgang van den Daele, Wolfgang Krohn (Hg.): Experimentelle Philo-

Das Frontispiz der Schrift, die der Scientia nova ihre Programmatik gibt, findet für diesen Bruch und Aufbruch zu Neuem ein sinnreiches Bild. Das Titelblatt der „Instauratio magna" ziert ein Kupferstich, der die Säulen des Herakles zeigt, die Begrenzung der in Antike und Mittelalter bekannten Welt. Mit gesetzten Segeln, volle Kraft voraus, wird diese Grenze von einem Schiff durchbrochen, das die Erkundung der Terra incognita in der offenen, aufgewühlten See aufnimmt. „Multi pertransibunt & augebitur scientia" lautet die optimistische Bildunterschrift.[36] Das ist die „große Erneuerung", die Francis Bacon vor Augen hat mit der neuen Wissenschaft und ihren neuartigen Erkenntnismethoden: nicht die passive Schau, sondern das experimentelle Verfahren und das systematische Erfinden; nicht die Aneignung eines abgeschlossenen Kanons von Wissen, sondern Theoriebildung und Wissensvermehrung mittels Induktion zum Zweck der Innovation; nicht eine private, selbstgenügsame Gelehrsamkeit, sondern das Umsetzen und Anwenden – denn „Wissen und menschliches Können ergänzen sich".[37]

Wissen ist Können, Wissen ist Macht – was die Menschen mit den Mitteln der Wissenschaft in der Zukunft machen könnten, malt sich Bacon in der fragmentarischen Utopie „Nova Atlantis" aus. Überaus sittliche und friedfertige Bürger werden in diesem Inselreich von politischen Herrschern und den Mitgliedern des Hauses Salomon regiert,[38] Wissenschaftlern, in deren Labors nicht nur die drängenden Menschheitsprobleme wie Naturkatastrophen, Hunger, Armut, Krieg, sittliche Verrohung

---

sophie. Ursprünge autonomer Wissenschaftsentwicklung, Frankfurt a. M. 1977, S. 13–128.

36 „Viele werden hier hindurch fahren und die Wissenschaft wird wachsen, die wissenschaftlichen Erkenntnisse werden sich vermehren", vgl. auch Corinna Mieth: Multi pertransibunt et augebitur scientia. Die Inszenierung der Grenzüberschreitung als Begründung der Fortschrittsgeschichte in Francis Bacons Instauratio Magna, in: Wolfgang Hogrebe (Hg.): Grenzen und Grenzüberschreitungen, Berlin 2002, S. 647–657.

37 Francis Bacon: Neues Organon. In der Ausgabe von Wolfgang Krohn, Teilband 1, Hamburg 1990, 1. Buch, Aphorismus 3, S. 81. Zu verschiedenen Aspekten der Modernisierung bei Bacon vgl. Otfried Höffe: Moral als Preis der Moderne (wie Anm. 24), S. 49 ff.

38 „Dieses Haus ist der Erforschung und Betrachtung der Werke und Geschöpfe Gottes geweiht", Francis Bacon: Neu-Atlantis, in: Klaus Heinisch (Hg.): Der utopische Staat, Hamburg 1960, S. 171–215, hier S. 193. Und S. 205: „Der Zweck unserer Gründung ist die Erkenntnis der Ursachen und Bewegungen sowie der verborgenen Kräfte in der Natur und die Erweiterung der menschlichen

ein für alle Mal gelöst scheinen, sondern in denen auch Grundlagenforschung betrieben wird.[39] Die Fragestellungen, Methoden und Anwendungsfelder dieser wissenschaftlichen Tätigkeit sind frei von politischen oder weltanschaulichen Begrenzungen – und so soll gemäß Bacon Wissenschaft auch sein. Nur wenn nicht-wissenschaftliche Überzeugungen, insbesondere religiöse und philosophische Fragestellungen und Prinzipien, ausgeklammert bleiben, kann die Wissenschaft prosperieren: „Es ist deshalb nur heilsam, wenn nüchternen Geistes dem Glauben nur das gegeben wird, was des Glaubens ist."[40]

Dieses abgewandelte Bibelwort wirft die Frage nach dem Verhältnis von Wissenschaft und Staat bzw. Gesellschaft auf: Ist dem König zu geben, was des Königs ist? Gilt, analog zu dem Fall der Religion, eine strikte Trennung von politischer und wissenschaftlicher Sphäre? Die Antwort fällt mit Blick auf die Säkularisierungsprozesse, die die Wissenschaft und die Politik mit Beginn der Renaissance durchlaufen, negativ aus: In demselben Maße, wie sie sich seit dem 17. Jahrhundert gegen die weltanschaulichen Autoritäten und religiösen Institutionen zu emanzipieren suchen, wird ihr Verhältnis enger. So betrachtet Bacon die Politik als einen möglichen Verbündeten der Wissenschaft,[41] Thomas Hobbes hingegen die Wissenschaft als Verbündeten einer rationalisierten und säkularisierten Politiktheorie.[42] Wenig später wird die Institutionalisierung,

---

Herrschaft bis an die Grenzen des überhaupt Möglichen." Bezeichnenderweise sendet das Haus Salomon alle zwölf Jahre Schiffe aus, um den aktuellen wissenschaftlichen Stand „der gesamten Erde" zu erkunden, S. 194.

39 Zu den Forschungsstätten und Anwendungsfeldern vgl. ebd., S. 205 ff.

40 Denn: „Das Unheil durch Aberglauben und die Beimischung der Theologie ist in der Philosophie weit verbreitet, die im allgemeinen und einzelnen dadurch stark geschädigt wird", Francis Bacon: Neues Organon (wie Anm. 37), Aphorismus 65, S. 135, und Aphorismus 89, S. 196 f.: „Auch darf man nicht übersehen, daß die Naturphilosophie zu allen Zeiten einen zähen und schwierigen Gegner angetroffen hat, nämlich den Aberglauben und einen blinden und maßlosen Religionseifer."

41 So bezeugen mehrere Briefe Bacons an König James I. und andere politische Entscheidungsträger sein Bemühen, sowohl Unterstützung zu gewinnen für ein Verständnis von Wissenschaft als profanem Geschäft als auch für die Professionalisierung und Institutionalisierung der neuen Wissenschaft, vgl. Wolfgang Krohn: „Einleitung" zu Francis Bacon: Neues Organon (wie Anm. 37), S. XII ff.

42 Besonders aufschlussreich Hobbes' Widmung und Vorwort in: Vom Bürger. In der Übersetzung von Günter Gawlick, Hamburg 1994. Beachte etwa die Analo-

Kollektivierung und Professionalisierung der Wissenschaft tatsächlich politisch ermöglicht, unterstützt und auch geschützt, wie die Gründungen der „Royal Society“ 1662 und der „Académie des sciences“ 1666 zeigen. Diese Symbiose von Wissenschaft, Gesellschaft und Politik sichert der Wissenschaft zunehmend Autonomie, geht aber einher mit einer gewissen Selbstbescheidung der Wissenschaft und der Wissenschaftler. So heißt es in dem Entwurf zu den Statuten der königlichen Gelehrtengesellschaft:

„Gegenstand und Ziel der Royal Society ist es, die Kenntnisse von natürlichen Dingen, von allen nützlichen Künsten, Produktionsweisen, mechanischen Praktiken, Maschinen und Erfindungen durch Experimente zu verbessern – ohne sich in Theologie, Metaphysik, Moral, Politik, Grammatik, Rhetorik oder Logik einzumischen.“[43]

Die Intention der Wissenschaft, Kenntnisse und darauf beruhende Techniken zu verbessern, entspricht den Erwartungen, die an die neue Wissenschaft gestellt werden. So zeigen sich Bacon und Hobbes überzeugt, dass die neue Wissenschaft kein zweckfreies Wissenwollen darstellt, sondern nutzbringend ist, auch wenn sie nur in ihren eigenen epistemischen Diensten steht und in diesem Sinne frei ist. Für Hobbes lässt sich beinahe „alles, was dem menschlichen Leben an Nutzen zufällt, [...] was die heutige Zeit von der Barbarei vergangener Jahrhunderte unterscheidet“, der Geometrie zuschreiben.[44] Wenn auch die Begründung der politischen Ordnung und die Moralphilosophie „more geometrico“, also wissenschaftlich vorgehen würden, „so wüßte ich [Hobbes] nicht, was der menschliche Fleiß darüber hinaus noch zum Glück der Menschen in diesem Leben beitragen könnte.“[45]

Auch für Francis Bacon hat die neue Wissenschaft einen ethischen Mehrwert, insofern sie, immer wieder und immer weiter, zu Erkenntnissen und Erfindungen führt, die Freiheiten in der Lebenswelt ermög-

---

gie von Uhr und Staat, deren Funktion und Wirksamkeit durch mechanistische und materialistische Ursachen und Prinzipien vollständig erfasst werden könnten, S. 67.

43 Zitiert nach Wolfgang van den Daele: Die soziale Konstruktion der Wissenschaft – Institutionalisierung und Definition der positiven Wissenschaften in der zweiten Hälfte des 17. Jahrhunderts, in: Gernot Böhme u. a. (Hg.): Experimentelle Philosophie. Ursprünge autonomer Wissenschaftsentwicklung, Frankfurt a. M. 1977, S. 129–182, S. 139.

44 Thomas Hobbes: Vom Bürger (wie Anm. 42), S. 60 f.

45 Ebd., S. 61.

lichen, insbesondere die Emanzipation von den Zwängen der äußeren und inneren Natur des Menschen.[46] Schon das alte, mythische Inselreich Atlantis (das Platon übrigens „jenseits der Säulen des Herakles" verortet[47]) fungierte als Sinnbild des guten und gerechten Zusammenlebens der Menschen. Bacons Entwurf von Neu-Atlantis führt diese Tradition mit einer paradiesisch anmutenden Wissenschaftsutopie fort. Denn hier ist es vor allem der wissenschaftliche und technische Fortschritt, der den ethischen und sozio-politischen Fortschritt mit sich bringt. Es wird uns nicht nur besser gehen, sondern wir werden auch bessere Menschen unter humaneren Lebensbedingungen sein können – das ist die Quintessenz des Bacon'schen Programms.[48] Und es ist der Kern des modernen Wissenschafts- und Wissenschaftsfreiheitsverständnisses: die Hoffnung und Erwartung, dass (insbesondere die Natur-)Wissenschaft zur Verbesserung und Humanisierung des menschlichen Lebens beitragen und somit einen ethischen Effekt haben wird, und dass zugleich „gerade eine von gesellschaftlichen Nützlichkeits- und politischen Zweckmäßigkeitsvorstellungen befreite Wissenschaft dem Staat und der Gesellschaft am besten dient."[49] Das Versprechen eines gesellschaftlichen und ethischen Wertes der freien wissenschaftlichen Betätigung erscheint uns also auch gegenwärtig noch glaubwürdig genug, wiewohl wir nicht nur die humanisierenden, sondern auch die zerstörerischen Effekte der angewandten Wissenschaft kennen und fürchten gelernt haben.

Es gibt neben der dargestellten ethischen aber noch eine im engeren Sinne moralische Dimension der Wissenschaftsfreiheit, die nicht zwingend mit einer individuellen und gesellschaftlichen Wohlergehenserwartung verbunden ist. Die Freiheit der Wissenschaft wird dann im Zusammenhang gesehen mit der individuellen Freiheit zu denken, zu forschen, öffentlich seine Meinung kundzutun – der Freiheit zu wissen. Es handelt sich hierbei um genuin moralische, vorpolitische Rechte, die jedem freien und gleichen Individuum zukommen. Bereits Baruch de Spinoza als ein Zeitgenosse Francis Bacons kennt „die Freiheit [eines jeden], zu sagen und zu lehren, was er denkt",[50] denn „niemand kann sein natürliches Recht oder seine Fähigkeit frei zu schließen und über alles zu urteilen auf

[46] Vgl. Francis Bacon: Neues Organon (wie Anm. 37), Aphorismus 129.

[47] Platon: Kritias. In der Übersetzung von Otto Apelt, Leipzig 1922, hier St. 108.

[48] Ich übernehme den Ausdruck „Baconsches Programm" von Gernot Böhme: Am Ende des Baconschen Zeitalters (wie Anm. 24), S. 9 ff.

[49] BVerfGE 47, 327 (370).

[50] Baruch de Spinoza: Theologisch-Politischer Traktat (wie Anm. 4), S. 352.

einen anderen übertragen noch kann er zu einer solchen Übertragung gezwungen werden."[51] Die *libertas philosophandi* „gehört zum Recht jedes einzelnen, das niemand, auch wenn er wollte, abtreten kann",[52] ist mithin ein natürliches, unveräußerliches Freiheitsrecht. Es steht in der Tradition von autonomiesichernden Abwehrrechten, die sich in der Philosophie der Aufklärung voll entfaltet haben. Diese moralische Dimension der Wissenschaftsfreiheit ist der Überzeugung geschuldet, dass Wissen auch einen aufklärerischen Effekt für den Einzelnen hat, so dass es im Grunde nicht nur ein Recht, sondern eine moralische Pflicht zum Wissen gibt. Immanuel Kant formuliert diese Pflicht im Zusammenhang mit der Frage „Was ist Aufklärung?":

> „Ein Mensch kann zwar für seine Person, und auch alsdann nur auf einige Zeit, in dem, was ihm zu wissen obliegt, die Aufklärung aufschieben; aber auf sie Verzicht zu tun, es sei für seine Person, mehr aber noch für die Nachkommenschaft, heißt die heiligen Rechte der Menschheit verletzen und mit Füßen treten."[53]

Wer daran gehindert wird, sich seiner eigenen Vernunft zu bedienen, das heißt aber auch „von seiner Vernunft in allen Stücken *öffentlichen Gebrauch* zu machen",[54] der wird in seiner Freiheit als denkendes Wesen, mithin seiner Autonomie verletzt – und das ist moralisch inakzeptabel. Auch für John Stuart Mill besteht das „besondere Übel der Unterdrückung einer Meinungsäußerung darin, daß es am menschlichen Geschlecht als solchem Raub begeht, weil uns die Gelegenheit genommen wird, Irrtum gegen Wahrheit auszutauschen."[55] Daher gehört zu den Freiheiten, die zu gewähren laut Mill für die Regierung Pflicht sei, die „unbedingte Unabhängigkeit der Meinung und Gesinnung bei allen Fragen, seien sie praktischer oder philosophischer, *wissenschaftlicher*, moralischer oder theo-

---

51 Ebd., S. 350.

52 Ebd., S. 350.

53 Immanuel Kant: Beantwortung der Frage: Was ist Aufklärung?, in: Werkausgabe, hg. von Wilhelm Weischedel, Band 11, Frankfurt a. M. 1977, S. 58 (A 489 f.).

54 Ebd., S. 55 (A 485). Insbesondere „als Gelehrter, der durch Schriften zum eigentlichen Publikum, nämlich der Welt, spricht, [...] genießt einer uneingeschränkte [...] Freiheit, sich seiner eigenen Vernunft zu bedienen und in seiner eigenen Person zu sprechen", S. 57 (A 488).

55 John Stuart Mill: Über die Freiheit. In der Übersetzung von Bruno Lemke, Stuttgart 1974, S. 26

logischer Natur."[56] Wer diese Freiheit des Gedankens und der Meinung nicht gewährt, der verwehrt ein natürliches Recht der Wahrheitssuche – denn: „Über sich selbst, über seinen eigenen Körper und Geist ist der einzelne souveräner Herrscher".[57] Das ist für Mill nicht nur moralisch inakzeptabel, sondern politisch illegitim, womit die dritte und letzte Dimension der Wissenschaftsfreiheit angesprochen ist.

3. Wissenschaftsfreiheit und politische Freiheit

Die Grenzen der Autorität der Gesellschaft über das Individuum – so die vierte Kapitelüberschrift von „Über die Freiheit" – sind die „Begrenzung der Regierungsgewalt über Einzelwesen"[58] wie auch die „Grenze für die rechtmäßige Einmischung öffentlicher Meinung in persönliche Unabhängigkeit"[59], zu der Mill explizit auch die Wissenschaftsfreiheit zählt. Staaten oder Gesellschaften, die diese Grenzen missachten oder nicht wirksam schützen, sind despotisch und nicht freiheitlich, selbst dann, wenn sie demokratisch geordnet sein sollten.[60] Dieser Zusammenhang von Freiheit und Freiheitlichkeit wird bereits von Spinoza behauptet: Ein Staat, der die Freiheit des Denkens, der Meinung, der Lehre verwehrt, ist nicht nur unfrei, sondern auch illegitim und instabil. Die Existenz- und Legitimationsgrundlage des Staates sieht Spinoza – in Vorwegnahme der kontraktualistischen Begründung der politischen Ordnung – in der Zustimmung freier und gleicher Personen zu einem zwangsbewehrten Regelwerk. Aber

> „bei der demokratischen Regierung (die dem Naturzustand am nächsten kommt) verpflichten sich, wie ich gezeigt habe, alle, nach gemeinsamem Beschluß zu handeln, nicht aber so zu urteilen und zu denken. [...] Je weniger

---

56 Ebd., S. 20, Hervorhebung E. Ö.

57 Ebd., S. 17.

58 Ebd., S. 9.

59 Ebd., S. 10.

60 Während Mill einerseits Demokratie mit der Herrschaft der öffentlichen Meinung gleichsetzt, in: Considerations on Representative Government, in: John M. Robson (Hg.): Collected Works of John Stuart Mill, Band 19, Toronto 1977, S. 371–577, hier S. 547, identifiziert er andererseits als die größte Gefahr für demokratische Gesellschaften den Konformitätsdruck auf das Individuum, der durch eine „Tyrannei der Mehrheit" ausgeübt wird, in: Über die Freiheit (wie in Anm. 55), S. 9.

man demnach den Menschen die Freiheit des Urteils zugesteht, um so mehr entfernt man sich von dem natürlichsten Zustand und um so gewalttätiger ist infolgedessen die Regierung."[61] Denn: „Der Zweck des Staates ist in Wahrheit die Freiheit."[62]

Die politische Ordnung, die diesen Zweck verfehlt, entbehrt der Legitimität in doppelter Hinsicht: Sowohl das moralische wie auch das politische Recht der Selbstbestimmung werden verletzt bzw. verunmöglicht. So wie die Emanzipation und die Autonomie des Einzelnen davon abhängen, dass er frei denken, sich Meinungen und Überzeugungen bilden, diese öffentlich formulieren und zur Diskussion stellen darf, so hängt umgekehrt die Emanzipation und die Freiheitlichkeit der politischen Ordnung von Bürgerinnen und Bürgern ab, denen zugestanden und zugetraut wird, von ihrer Freiheit vernünftigen und öffentlichen Gebrauch zu machen. Mehr noch: Die demokratische Willens- und Entscheidungsbildung ist nachdrücklich darauf angewiesen, dass die Bürger wirklich Gebrauch von ihrer Freiheit machen, und hierzu ist die Freiheit des Denkens, der Erkenntnissuche und der öffentlichen Meinungsbildung eine Gelingensbedingung. Umgekehrt schränken nicht-freiheitliche, nicht-demokratische Ordnungen nicht nur Menschen- und Bürgerrechte ein, wie das Recht auf Leben, Freiheit, Gleichheit, Persönlichkeit, Unversehrtheit und politische Partizipation, sondern erachten typischerweise auch Gedankenfreiheit, Meinungsfreiheit, ja sogar Neugierde, Wissenslust und Wahrheitssuche für gefährlich. Wenn aber die Freiheit zu denken und zu wissen Dogmen unterworfen, die freie und öffentliche Prüfung und Korrektur von Meinungen untersagt, der Wirklichkeitsbezug und Realitätssinn der Bürger in ideologische Schranken gewiesen wird, dann ist nicht nur das demokratische Ethos verletzt, sondern auch das Ethos wissenschaftlicher Rationalität.[63]

---

61 Baruch de Spinoza: Theologisch-Politischer Traktat (wie Anm. 4), S. 359.

62 Ebd., S. 353.

63 George Orwells „Nineteen Eighty-Four" ist die Dystopie einer Gesellschaft, die den öffentlichen und privaten Vernunftgebrauch, ja die grundlegendsten Rationalitätsstandards, systematisch zerstört durch eine Politik der Wirklichkeitskontrolle: „The keyword here is blackwhite. Like so many Newspeak words, this word has two mutually contradictory meanings. Applied to an opponent, it means the habit of impudently claiming that black is white, in contradiction of the plain facts. Applied to a Party member, it means a loyal willingness to say that black is white when Party discipline demands this. But it means also the ability to believe that black is white, and more, to know that black is white, and

Mertons wissenschaftssoziologische Untersuchungen aus den 1930er und 40er Jahren verorten die Möglichkeit guter Wissenschaft folgerichtig nicht nur institutionell, sondern auch politisch, denn „[d]rohende und akute Angriffe auf die Integrität der Wissenschaft haben den Wissenschaftlern deutlich vor Augen geführt, *daß sie auf gesellschaftliche Strukturen ganz spezifischer Art angewiesen sind.*“[64] Gegen einen „beschaulichen Isolationismus“[65] versucht Merton den Brückenschlag von der Wissenschaft zur politischen Ordnung, denn die „besten Entwicklungsmöglichkeiten hat die Wissenschaft in einer demokratischen Ordnung, die das Ethos der Wissenschaft integriert hat.“[66] Den Grund sieht er in demokratischen politischen und gesellschaftlichen Strukturen, die den Kern dieses Ethos schützen. So verlangt der Imperativ des „Universalismus“, dass individuelle oder soziale Eigenschaften (explizit: Rasse, Nationalität, Religion, Klasse) der Verfechter einer wissenschaftlichen Hypothese keine Rolle spielen dürfen für deren Anerkennung oder Zurückweisung. „Wahrheitsansprüche, gleich welcher Herkunft, [müssen] *vorab aufgestellten, unpersönlichen Kriterien* unterworfen werden“;[67] und dieser „internationale, unpersönliche, gleichsam anonyme Charakter von Wissenschaft“[68] entwickelt sich besonders gut in einer demokratischen Ordnung, die auf Gleichheit, Fairness, Nicht-Diskriminierung und unpersönlichen Leistungs- und Anerkennungskriterien gründet. Mit dem

---

to forget that one has ever believed the contrary. This demands a continuous alteration of the past, made possible by the system of thought which really embraces all the rest, and which is known in Newspeak as doublethink. Doublethink is basically the power of holding two contradictory beliefs in one's mind simultaneously, and accepting both of them.“ George Orwell: Nineteen Eighty-Four, London 2008, Teil II, Kapitel 9.

64 Robert King Merton: Die normative Struktur der Wissenschaft (wie Anm. 19), S. 86, Hervorhebung im Original. Ebendiese Strukturen sieht Merton schon 1937 in Nazi-Deutschland nicht mehr gegeben, so dass die Wissenschaft, die an solchen undemokratischen und illiberalen Orten entsteht, sich weder ethisch noch epistemisch frei entfalten könne und somit eigentlich Anti-Wissenschaft sei, vgl. die Redemitschrift „Science and the Social Order“, in: Social Theory and Social Structure (wie Anm. 8), S. 537–549.

65 Robert King Merton: Die normative Struktur der Wissenschaft (wie Anm. 19), S. 87.

66 Ebd., S. 89, oder umgekehrt: „das Ethos der Demokratie umfaßt auch den Universalismus als wichtigstes Leitprinzip“, S. 93.

67 Ebd., S. 90, Hervorhebung im Original.

68 Ebd., S. 91.

Imperativ „Kommunismus" tritt die politische und gesellschaftliche Verwurzelung der Wissenschaft im *demos* ebenfalls deutlich vor Augen: „Die substantiellen Erkenntnisse der Wissenschaft sind Produkt gesellschaftlicher Zusammenarbeit und werden der Gemeinschaft überantwortet"[69], denn als Teil „der öffentlichen Sphäre, des *public domain*"[70] haben Wissenschaftler die „moralische Verpflichtung, die Fülle des Wissens mit anderen zu teilen"[71] – und, wie man gegenwärtig ergänzen muss, die Anwendung dieses Wissens vor Anderen zu verantworten.[72] Die öffentliche Zugänglichkeit und Kritisierbarkeit von gemeinsam geschaffenen bzw. gemeinsam (steuer-)finanzierten wissenschaftlichen Erkenntnissen fügt sich gut in eine demokratische Politik, die öffentliche Güter nicht nur bereitstellt bzw. fördert und schützt, sondern auch gleichen freien Zugang zu diesen Gütern und deren gerechte Verteilung anstrebt.

Wiederum finden wir die wissenschaftssoziologische Analyse unterstützt durch das verfassungsrechtliche Prinzip der Wissenschaftsfreiheit, das als Grundrecht unter einen Artikel fällt mit Meinungs-, Informations- und Pressefreiheit einerseits (Art. 5 Abs. 1 GG) und Kunstfreiheit andererseits (Art. 5 Abs. 3 GG). Der inhaltliche Zusammenhang dieser Grundrechte als „Kommunikationsgrundrechte" begründet ihren hohen Rang, denn sie dienen dem Schutz einer kritischen Öffentlichkeit, die als unverzichtbar gilt für den Bestand der freiheitlich-demokratischen Ordnung.[73] Für die Gegenwartsphilosophie müssen wir allerdings erneut feststellen, dass politik- und sozialphilosophische Arbeiten zu Wissenschaft bzw. Wissenschaftsfreiheit rar gesät

69 Ebd., S. 93.

70 Ebd., S. 94, Hervorhebung im Original.

71 Ebd., S. 95.

72 Autonomie und Verantwortung der Wissenschaft gehen Hand in Hand, so auch Hubert Markl: Freiheit der Wissenschaft, Verantwortung der Forscher, in: Hans Lenk (Hg.): Wissenschaft und Ethik, Stuttgart 1991, S. 40–53, hier S. 52: „Je zuverlässiger und bedachter ihr Forschen und seine Ergebnisse, je offener die Erörterung ihrer Befunde – auch möglicher Probleme und Gefährdungen, die ihnen entspringen könnten oder auf die sie uns hinweisen –, um so weiter der Raum der Freiheit, den Wissenschaft und Forschung unter dem Schirm des Grundgesetzes und im Vertrauen der Bürger nutzen können. Verantwortliches wissenschaftliches Handeln sichert das Vertrauen, das seinerseits Garant der Forschungsfreiheit ist."

73 Vgl. die Ausführungen von Hellmut Wagner: Zur Stellung der Forschungsfreiheit im Gefüge der Grundrechte (wie Anm. 2), S. 249 f., und Rupert Scholz: Art. 5 Abs. III (wie Anm. 3).

sind. Allerdings liegen neuerdings, d. h. aus den letzten zehn Jahren, Überlegungen von Bernard Williams, Philip Kitcher und Benjamin Barber vor, die die politische Dimension der Wissenschaft in verschiedenen Hinsichten reflektieren.

Bernard Williams' genealogische Untersuchung zum Wert der Wahrheit hat eine politische Facette, insofern „Wahrheit und Wahrhaftigkeit" – so der Titel des 2002 erschienenen Werkes – ein hoher Stellenwert zukommt, „wenn man davon ausgeht, daß genaue Informationen eine Voraussetzung für geordnete und fruchtbare demokratische Debatten sind."[74] Im Zusammenhang mit dem „First Amendment" – unter das in der US-amerikanischen Rechtstradition eben auch Wissenschaftsfreiheit fällt – verweist Williams darauf, dass „die Grundrechte der liberalen Gesellschaft und die demokratischen Freiheiten selbst abhängig [sind] von der Entwicklung und vom Schutz der Methoden zur Entdeckung und Übermittlung der Wahrheit".[75] Während Williams also an die Überlegungen von Spinoza und Mill zum Zusammenhang von individueller Freiheit und politischer Freiheitlichkeit anschließt, hat die wissenschaftstheoretische Arbeit von Philip Kitcher ein eher wissenschaftspolitisches Anliegen.

Sein vielbeachtetes „Science, Truth, and Democracy" aus dem Jahre 2001 bricht mit der Vorstellung einer „reinen", von Bedürfnissen und Interessen unabhängigen Wissenschaft zugunsten einer Konzeption von Wissenschaft und wissenschaftlichem Wissen als öffentlichen Gütern. Als solche seien sie seit den Anfängen der professionalisierten und kollektivierten, gesellschaftlich und politisch unterstützten Institution Wissenschaft Signifikanz-Maßstäben unterworfen. Wir forschen eben nicht drauflos – das würde angesichts der Fülle und der Pluralität der möglichen Themen und Vorgehensweisen auch nicht weit führen –, sondern es etablieren sich die wissenschaftlichen Methoden und Begriffe, Fragestellungen und Verfahren, die als epistemisch *und* praktisch signifikant gelten in Bezug auf bestimmte Interessenslagen.[76] Damit nun Wissenschaft als kontextabhängige, gesellschaftliche Veranstaltung nicht in falscher Weise politisch wird – sei es, dass sie sich zum Vollzugsgehilfen der Politik macht, sei es, dass eine wissenschaftliche Elite sich jeglicher gesellschaftlicher, ethischer und ökonomischer Verantwortung ent-

74 Bernard Williams: Wahrheit und Wahrhaftigkeit (wie Anm. 9), S. 325.

75 Ebd., S. 326.

76 Philip Kitcher: Science, Truth, and Democracy, Oxford 2001, Kapitel 6.

zieht –, konstruiert Kitcher ein ideales Deliberationsverfahren.[77] Da dieses Verfahren den Grundsätzen der Deliberativen Demokratie unterliegt, ist auch sein Ergebnis verwandt mit der demokratischen Ordnung: „well-ordered science" und „well-ordered society" ergänzen einander.[78]

Diese Auffassung teilt Benjamin Barber, der sich in einer Reihe von Zeitungsartikeln – eine systematische Darstellung steht noch aus – über die epistemische Funktion von Wissenschaft innerhalb einer freiheitlich-demokratischen Ordnung geäußert hat. Was den Kriterien wissenschaftlichen Wissens genügt, könne keine Meinungssache sein: auf diesen schon Platon bekannten Unterschied zwischen bloßen Meinungen (*doxai*) und Erkenntnis (*episteme*) kommt es auch bei der demokratischen Meinungs- und Willensbildung an. Denn es gibt Gegenstände (Barber führt als Beispiel die Evolution an), die keine Sache von Meinungen sind (wie es durch kreationistische Gegner der Evolutionstheorie aber dargestellt und von weiten Teilen der US-amerikanischen Bevölkerung offenbar auch geglaubt wird), sondern von Fakten, Argumenten und wissenschaftlich gut begründeten Erkenntnissen. Wenn wir aber die „zivilisatorische Überzeugung", dass „Wahrheit, Objektivität, Wissenschaft, Fakten und Vernunft sich grundlegend von Meinung, Subjektivität, Vorurteil, Gefühlen und Irrationalität unterscheiden", aufgeben, so geben wir den epistemischen Gehalt der Demokratie auf. Wenn als Folge „viele gar nicht wissen, was es heißt, etwas zu wissen", dann ist eine „demokratische Kernfähigkeit" gefährdet: „nämlich einzuräumen, dass wir unrecht haben könnten". Diese Fähigkeit beruht auf unserer „wechselseitige[n] Bereitschaft, unsere Meinungen bestätigen oder falsifizieren zu lassen",[79] und ist konstitutiv dafür, Urteile ausbilden, Konsense erzielen und gegebenenfalls politisch umzusetzen zu können.

[77] Ebd., Kapitel 11.

[78] Ebd., Kapitel 10, Kitcher beruft sich ausdrücklich auf die politischen Theoretiker John Rawls, Robert Dahl und Amy Gutmann. Auch meint schon Jürgen Mittelstraß: Wissenschaft als Lebensform (wie Anm. 7), S. 24: „Daß Wissenschaft ihrer Idee nach [...] stets republikanisch verfaßt ist (‚keinem Mächtigen dient'), daß Wissenschaft insofern nicht nur bürgerlich ist, sondern bürgerlich sein muß. ‚Bürgerlich' hier im Sinne von ‚citoyen': dieser ist das Subjekt der autonomieorientierten Aufklärung und als solchem hat ihm auch die Wissenschaft zu dienen. So verstanden aber ist die Wissenschaft nicht nur ihrem Wesen nach bürgerliche Wissenschaft, sie ist vielmehr auch politisch im Sinne einer republikanischen Parteinahme für Autonomie."

[79] Denn: „Die Demokratie stützt sich stärker auf Worte als auf Gewalt, auf das Argument statt auf Zwang und auf eine Übereinkunft über den Wert, wenn nicht

Wenngleich also alle drei Autoren die Wertfreiheit und Wissenschaftsfreiheit als historische und systematische Verbündete der modernen Wissenschaft betrachten und anerkennen, sind sie zugleich sensibel für die politische Dimension der in diesem Sinne freien Wissenschaft. Wissenschaft als institutionalisierte und normengeleitete Praxis hat offenbar einen freiheitlich-demokratischen Gehalt, der allerdings einer weitergehenden philosophischen und politiktheoretischen Analyse bedarf.

Die skizzierten politischen und gesellschaftstheoretischen Dimensionen der Wissenschaftsfreiheit und der Wissenschaft sind im Verbund mit ihren ethisch-moralischen und epistemisch-wissenschaftstheoretischen Dimensionen womöglich geeignet, dem alten Schlagwort von der „Wissenschaft als Lebensform" eine aktuelle Bedeutung zu geben. Dann wäre Wissenschaftsfreiheit das zu dieser Lebensform gehörige Recht, das Wissenschaft sowohl als theoretisches wie als praktisches Gut schützt und das in politischen Ordnungen eines bestimmten Typs hohe (und als verfassungsmäßiges Grundrecht höchste) Wertschätzung genießt. In diesem Aufsatz konnte dieser Zusammenhang wie auch die systematischen Überlegungen, die im Weiteren noch anzustellen wären, zwar nur angedeutet werden, aber es bleibt die Hoffnung, diesbezüglich bald überholt zu werden. Denn wie es Max Weber in seinem „Wissenschaft als Beruf" vor nunmehr fast einem Jahrhundert ausführte, ist wissenschaftlich überholt zu werden „nicht nur unser aller Schicksal, sondern unser aller Zweck. Wir können nicht arbeiten, ohne zu hoffen, daß andere weiter kommen werden als wir."[80]

---

die Substanz von Objektivität." Alle Zitate aus Benjamin Barber: Amerika, Du hasst es besser, in: Süddeutsche Zeitung, vom 4./5. Dezember 2010, vgl. auch Benjamin Barber: Wissen wäre Macht, in: Die Wochenzeitung, vom 6. Januar 2011.

[80] Max Weber: Wissenschaft als Beruf (wie Anm. 13), S. 8.

Freiheit der Wissenschaft als Thema der Theologie

Friedemann Voigt

1. Die Theologie und die modernen Wissenschaften. Deutungsperspektiven

In einer Publikation der Evangelischen Kirche in Deutschland (EKD) zum Thema „Die Bedeutung der wissenschaftlichen Theologie in Gesellschaft, Universität und Kirche“ aus dem Jahr 2009 ist zur Theologie als Wissenschaft an der Universität und ihrem Verhältnis zu den anderen Wissenschaften folgender Satz zu lesen: „Der Auseinandersetzung mit dem christlichen Glauben verdankt das Verständnis von Wissenschaft in der Geschichte des Abendlandes die grundlegende Annahme der zwar kontingenten, aber dennoch regelgeleiteten Ordnung des Geschehens der Natur.“[1] In bemerkenswerter Zuspitzung heißt es dann weiter: „Diese Ordnung wird mit dem jüdischen und christlichen Schöpfungsglauben begründet. Folglich ist die wissenschaftliche Untersuchung der Regelstruktur des natürlichen Geschehens auch in theologischer Sicht ein legitimes Feld vernünftiger Welterkenntnis.“[2] Eine solche Deutung der Wissenschaftsgeschichte als relativ unverbrüchliche Kontinuität theologischen und naturwissenschaftlichen Denkens ist allerdings auch innerhalb der protestantischen Theologie keineswegs Allgemeingut. Diesen Sätzen aus dem Jahr 2009 sei deshalb ein Satz aus dem Jahr 1906 entgegengestellt. Auch er ist von einem protestantischen Theologen, Ernst Troeltsch: „Denn davon kann keine Rede sein, dass er [der Protestantismus, F. V.] dem modernen Gedanken der Freiheit der Wissenschaft, des Denkens, der Presse offenen Weg bereitet hätte; und auch nicht davon, dass er die unter seiner Kontrolle und Zensur stehende Wissenschaft mit neuen einheitlichen Antrieben erfüllt und zu ursprünglichen neuen

---

1 Die Bedeutung der wissenschaftlichen Theologie in Gesellschaft, Universität und Kirche. Ein Beitrag der Kammer der Evangelischen Kirche in Deutschland für Theologie (EKD Texte 104), Hannover 2009, S. 19.

2 Ebd.

Entdeckungen geführt hätte.“[3] Aber, so Troeltsch weiter, der Protestantismus habe „die bisherige kirchliche Wissenschaft gestürzt“ und sein religiöser „Individualismus der persönlichen Überzeugung“ sei mit dem wissenschaftlichen Gewissen „zusammengeflossen“. Und darauf folgert Troeltsch: „Aber das hat auch den Protestantismus selbst gegenüber seinen Anfängen gründlich verändert. Es lag von Hause aus die Möglichkeit in ihm. Aber damit sie eintreten konnte, musste die moderne autonome Wissenschaft erst selbst geboren sein. Sie ist aus dem Protestantismus nicht geboren, sondern nur mit ihm verschmolzen und hat ihn vom ersten Augenblick dieser Verschmelzung ab in schwere Kämpfe hineingerissen, die bis heute nichts weniger als erledigt sind.“[4]

Diese beiden Zitate zeigen ein breites Spektrum an theologischem Selbstverständnis und Neuzeitdeutung. Im ersten Fall wird davon ausgegangen, dass sich vom antiken und mittelalterlichen ordo-Denken[5], dem darauf beruhenden Verständnis der Wissenschaft, der mit diesem Denken verbundenen Schöpfungstheologie der scholastischen und altprotestantischen Theologie, bis zur Gegenwart eine kontinuierliche Linie ziehen lässt, die den Plausibilitätsfragen gegenwärtiger Naturwissenschaften wie der Theologie genügt. Im zweiten Falle wird hingegen von einer Diskontinuität zwischen dem Protestantismus der altprotestantischen Tradition und der modernen Welt ausgegangen. Moderne Welt und modernes Denken erfordern in Troeltschs Sicht eine umkämpfte und prekäre Umformung von protestantischer Religion und Theologie. Dies steht bei ihm im Zeichen der „historischen Methode“, welche die stets neue Bestimmung des eigenen Standpunktes mit der werthaltigen Rekonstruktion seiner Genese verknüpft.[6]

---

[3] Ernst Troeltsch: Die Bedeutung des Protestantismus für die Entstehung der modernen Welt. Vortrag, gehalten auf der IX. Versammlung deutscher Historiker zu Stuttgart am 21. April 1906, in: Historische Zeitschrift 97 (1906), auch als Sonderabdruck: München, Berlin 1906, 2. Auflage 1911, jetzt in: Ernst Troeltsch: Schriften zur Bedeutung des Protestantismus für die moderne Welt (1906–1913), hg. von Trutz Rendtorff in Zusammenarbeit mit Stefan Pautler (Ernst Troeltsch: Kritische Gesamtausgabe, Band 8), Berlin, New York 2001, S. 199–316, hier S. 287.

[4] Ebd., S. 289.

[5] Vgl. dafür noch immer: Hermann Krings: Ordo. Philosophisch-historische Grundlegung einer abendländischen Idee, NA Hamburg 1982.

[6] Ernst Troeltsch: Ueber historische und dogmatische Methode (1900), in: Friedemann Voigt (Hg.): Ernst Troeltsch Lesebuch. Ausgewählte Texte, Tübingen 2003, S. 2–25; Friedemann Voigt: Die historische Methode der Theolo-

Lassen wir die Frage nach der kultur- und wissenschaftsgeschichtlichen Evidenz dieser beiden Modelle vorerst beiseite, so stellt sich vor allem die Frage nach dem theologischen Interesse, welches diese beiden so gegensätzlichen Narrationen leitet und für das diese Narrationen offenkundig Gründe geben sollen. Hier ist augenfällig, dass in dem einen Fall die Frage nach der Legitimität der Wissenschaft dominant ist, welche sich an einem als offenbar relativ unstrittig aufgefassten dogmatischen Verständnis der Theologie bemisst. Hingegen wird im zweiten Falle die Frage gestellt, ob und in welcher Weise modernes Denken und religiöser Glauben zusammen bestehen können. Dabei geht Troeltsch offenkundig davon aus, dass sich dies nur unter der Voraussetzung beantworten lässt, dass erstens die Herausforderungen der modernen Wissenschaft dem Protestantismus nicht nur äußerlich bleiben und zweitens die Verarbeitung dieser Einflüsse der modernen Wissenschaft für den Protestantismus eine Überlebensfrage ist. Eine einfache Unterordnung der modernen, autonomen Wissenschaft unter Religion und dogmatische Weltanschauung ist dabei offenkundig ausgeschlossen, denn damit wäre die Selbständigkeit der modernen Wissenschaft wie der Religion aufgelöst. Das lässt sich durchaus so reformulieren: Damit wäre die Freiheit der Wissenschaft ebenso aufgelöst wie die Freiheit der Religion. Sie würden dann nicht mehr zusammen bestehen, sondern diese Zusammenbestehbarkeit wäre in ein Über- und Unterordnungsverhältnis gebracht, nach dem entweder die Wissenschaft zur Funktion einer statuarischen Religion würde – das ist das Programm der mittelalterlichen Theologie – oder die Religion zur Funktion der Wissenschaft – das ist das Programm des französischen Positivismus bis hin zu Durkheim.[7]

Für die Bestimmung des kritischen Verhältnisses von Religion, Theologie und moderner Wissenschaft lassen sich unterschiedliche Modelle benennen.[8] Im allgemeinen Bewusstsein ist sicher die Vorstellung domi-

---

gie. Zu Ernst Troeltschs Programm einer theologischen Standortepistemologie, in: Friedrich Wilhelm Graf (Hg.): „Geschichte durch Geschichte überwinden“. Ernst Troeltsch in Berlin (Troeltsch-Studien N. F., Band 1), Gütersloh 2006, S. 155–173.

7 Émile Durkheim: Die elementaren Formen der Religion (zuerst 1912), Frankfurt a. M. 1981.

8 Vgl. Christian Schwarke: Protestantismus und Wissenschaftskultur. Über Funktionen des Gespräches zwischen der Theologie und den Naturwissenschaften, in: Klaus Tanner (Hg.): Christentumstheorie. Geschichtsschreibung und Kulturdeutung, Leipzig 2008, S. 117–129.

nant, dass sich die modernen Wissenschaften vor allem *gegen* die kirchliche Weltanschauung durchsetzen mussten. Auch wenn dieses Bild bei genauerer Betrachtung einiger Korrekturen bedarf, ist nicht zu bestreiten, dass sich sowohl in historischer Langzeitperspektive als auch in jüngster Zeit immer wieder erhebliche kirchliche und theologische Ressentiments gegenüber den modernen Wissenschaften geltend gemacht haben und machen. Die bekannten historischen Beispiele für diese „Konflikt-These"[9] sind natürlich die Verwerfung Galileo Galileis oder Charles Darwins. Dem steht eine „Unabhängigkeits-These" gegenüber, die vor allem von theologischer Seite entwickelt wurde, um die Theologie gegen die mit Macht andrängende Erklärungskraft der Naturwissenschaften zu verteidigen. Hier wird eine Trennung zwischen der in den Bereich der subjektiven Sinndeutung gehörigen Religion und dem zu den Naturwissenschaften gehörigen Bereich der objektiven Gegenstandserklärung proklamiert. Darüber hinaus gibt es eine vor allem aus nordamerikanischen evangelikalen Kontexten stammende „Identitäts-These", die eine Übereinstimmung von biblischen und naturwissenschaftlichen Aussagen behauptet. Die eingangs skizzierte Position aus Reihen der EKD lässt sich als eine Mischform dieser drei Modelle identifizieren.

Mit der oben angedeuteten, auf „Zusammenbestehbarkeit" zielenden Position Ernst Troeltschs ist ein viertes, „liberales" Modell benannt. Im Folgenden möchte ich eine historisch-systematische Rekonstruktion des Zusammenhangs von Freiheit, Wissenschaft und Religion unternehmen und ein liberales Programm skizzieren. Dazu werde ich auf die entscheidende Auseinandersetzung um die Wissenschaftsfreiheit auf dem Boden der modernen Theologie selbst zu sprechen kommen: Den Konflikt um die historisch-kritische Schriftauslegung, den ich am Beispiel der „Hallischen Streitigkeiten" darlegen werde (2.). Dort verbinden sich die Fragen nach einer freien, von kirchlicher und staatlicher Autorität unangetasteten Schriftforschung mit Überlegungen zur enzyklopädischen Ordnung der Wissenschaften: Wer tritt an die Stelle einer solchen zentralen Autorität – eine Leitwissenschaft oder ein Modell diskursiven Wissenschaftspluralismus? Hier werden Grundstrukturen oder „Denkstile" (L. Fleck) entworfen, welche bis in die Gegenwart wirksam sind. Sie sind auch in den unterschiedlichen Überlegungen enthalten, welche die Bedeutung der Ethik in den heutigen Debatten um die Wissenschaftsfrei-

---

[9] Vgl. auch Colin A. Russel: The Conflict of Science and Religion, in: Gary B. Ferngren (Hg.): Science & Religion. A Historical Introduction, Baltimore 2002, S. 1–12.

heit bestimmen. In diesen Kontext wird ein theologisch-ethisches Verständnis von Wissenschaftsfreiheit eingetragen, welches ihrer Bedeutung für eine modernitätsfähige Theologie entspricht (3.).

2. Freiheit der Wissenschaft als Thema der Theologie. Historische Perspektiven

Zunächst ist zu vergegenwärtigen, dass die große Herausforderung in Fragen der Wissenschaftsfreiheit für die protestantische Theologie nicht aus der Auseinandersetzung mit den Naturwissenschaften folgte, sondern auf dem Gebiet der Theologie selbst stattfand. Die Bibelkritik, die kritische Schriftforschung stellte diese Herausforderung dar. Es waren also das historische Denken, die Philologie und Hermeneutik, welche den religiösen Glauben und die überkommene Theologie mit dem modernen wissenschaftlichen Denken konfrontierten.[10] Die damit verbundenen Konflikte um die Wissenschaftsfreiheit lassen sich vorzüglich an einem Exempel aus dem ersten Drittel des 19. Jahrhunderts darlegen, den sogenannten „Hallischen Streitigkeiten":

Halle mit seiner Universität ist für die kulturgeschichtliche Erwägung des Verhältnisses von Theologie und Wissenschaftsfreiheit ein bezugsreicher Ort. Dorthin war der Jurist Christian Thomasius 1690 geflohen, als gegen ihn in Leipzig wegen seiner Verteidigung der rationalen Naturrechtslehre Pufendorfs von der Theologischen Fakultät ein Lehrverbot erwirkt wurde. Thomasius wurde in Halle das Privileg der „Freiheit der Philosophie" zuerkannt – bekanntlich in der Aufklärungsepoche das Vorzeichen einer weiter gefassten Lehrfreiheit, wie sie auch von Kant gefordert wurde, der gegen die auch von ihm akzeptierten Bindungen der oberen Fakultäten Theologie, Jurisprudenz und Medizin an vorgegebene Autoritäten für die Philosophie keine Autorität als die Vernunft selbst gelten lassen wollte, welche „ihrer Natur nach frei" ist. Dass in Halle diese Freiheit der Philosophie auch nicht unbeschränkt galt, belegt wenige Jahrzehnte nach Thomasius der bekannte Fall Christian Wolffs, der 1723 nach seiner Vorlesung über die praktische Philosophie der Chi-

[10] Zur Geschichte der Schriftlehre in der protestantischen Theologie vgl. Jörg Lauster: Prinzip und Methode. Die Transformation des protestantischen Schriftprinzips durch die historische Kritik von Schleiermacher bis zur Gegenwart (Hermeneutische Untersuchungen zur Theologie, Band 46), Tübingen 2004.

nesen der Universität verwiesen wurde, weil die darin implizit vertretene Auffassung, dass es ein sittliches Gemeinwesen ohne christlichen Glauben geben könne, ihm mit dem Atheismus-Vorwurf die Androhung der Todesstrafe einhandelte.[11]

Wieder einhundert Jahre später kommt es in Halle zu einem Vorgang, der weniger bekannt ist und der die Bezeichnung „Hallische Streitigkeiten" erhielt.[12] Die Evangelische Kirchenzeitung (EKZ), das orthodox-supranaturalistische Parteiblatt Ernst Wilhelm Hengstenbergs veröffentlicht im Januar 1830 einen anonymen Artikel über den „Rationalismus auf der Universität Halle".[13] Als Autor wird später Ernst Ludwig von Gerlach, dann Mitglied der berühmt-berüchtigten Kamarilla um Friedrich Wilhelm IV., bekannt. Der Artikel betont den Einfluss, welchen die rationalistischen Professoren Wilhelm Gesenius im Alten Testament und Julius August Wegscheider im Neuen Testament besitzen, weil sie die meisten Zuhörer an der Theologischen Fakultät haben. Im Weiteren berichtet der Artikel vom rationalistischen Umgang mit Wundergeschichten und mythologischen Stellen der Bibel. So habe Wegscheider als Erklärung zu Mt 14, 25 f. gesagt, „ein wirkliches Wandeln Jesu mit Petro auf dem Wasser würde ein Gaukelspiel und zwecklos gewesen sein, wahrscheinlich sei Jesus um den See herum gegangen und Petrus zu ihm geschwommen, woraus der wundergläubige Referent diesen Mythus gebildet habe."[14] Ebenso empört wird davon berichtet, Gesenius habe die Psalmisten „alte Betschwestern" genannt und Psalm 134 ein „poetisches Nachtwächterlied".[15] Der Artikel erhebt weiter schwere Bedenken gegen die Folgen, die ein solcher Umgang mit der Bibel und ein solcher Stil der Theologie für die angehenden Pfarrer habe. Von solcher Haltung gehe eine die Sittlichkeit und damit auch die Staatstreue verderbende Kraft aus. Deshalb müsse nicht nur gegen die beiden Hallenser Pro-

---

[11] Vgl. Rainer Albert Müller: Von der „libertas philosophandi" zur „Lehrfreiheit". Zur Wissenschaftsfreiheit im Zeitalter der Aufklärung, in: ders., Rainer Christoph Schwinges (Hg.): Wissenschaftsfreiheit in Vergangenheit und Gegenwart, Basel 2008, S. 57–67.

[12] Vgl. zum Folgenden Friedemann Voigt: Vermittlung im Streit. Das Konzept theologischer Vermittlung in den Zeitschriften der Schulen Schleiermachers und Hegels (Beiträge zur historischen Theologie, Band 140), Tübingen 2006, bes. S. 27–48.

[13] EKZ, Nr. 5, 16. Januar 1830, Sp. 38–40, Nr. 6, 20. Januar 1830, Sp. 45–47.

[14] Ebd., Sp. 39.

[15] Ebd., Sp. 46.

fessoren eingeschritten, sondern darüber hinaus „die Pflicht der reinen Lehre nach den Bekenntnißschriften" an den Universitäten eingeführt werden.[16]

Das ist nicht geschehen und die Situation wurde politisch entschärft. Aber wenn diese Streitigkeiten auch ohne direkte Folgen für die Theologische Fakultät Halles bzw. für Gesenius und Wegscheider blieben, wurden sie doch aufmerksam beobachtet und kommentiert. Die Frage nach der Notwendigkeit und dem Zweck einer Lehrverpflichtung für Pfarrer und Universitätslehrer löste eine Lawine von Schriften aus.

An dieser Debatte beteiligte sich auch Friedrich Schleiermacher. Er betonte, dass der eigentliche – apologetische – Zweck der Bekenntnisse darin bestehe, den Protestantismus *nach außen* von anderen Gruppierungen zu unterscheiden.[17] Deshalb weist Schleiermacher auch die Behauptung zurück, die Lehrverpflichtung auf die Bekenntnisse sei notwendig, um einen festen Bestand an Glaubenssätzen zu sichern, die vor allem

---

16 Ebd., Sp. 47. Nur wenige Tage später wendet sich die Theologische Fakultät Halles, mit Ausnahme von Tholuck und Guericke, geschlossen an das Ministerium und ersucht Schutz gegen die Angriffe der EKZ. Gesenius und Wegscheider schreiben darüber hinaus separat an den Minister Altenstein und legen dort ihren Standpunkt ausführlich dar. Auch klagen sie gegen den inzwischen publik gewordenen Autor Ernst Ludwig von Gerlach. Eine Untersuchung wird eingeleitet und die Affäre gelangt bis zum König. Die Sache zieht sich bis in den Herbst des Jahres und wird befeuert durch das Jubiläum der Übergabe der Confessio Augustana im Juni 1830 zum einen sowie die von der Julirevolution ausgehenden Unruhen zum anderen. Friedrich Wilhelm III., wohl unter enger Beratung Altensteins, lehnt schließlich in zwei Kabinettsordres ein Einschreiten gegen die Rationalisten ab, aber fordert von den Rationalisten „eine würdige Behandlung des heiligen Gegenstandes und auch bei abweichenden Ansichten ein stetes Festhalten des Gesichtspunkts: daß durch ihre Lehrvorträge junge Theologen für die evangelische Kirche gebildet werden sollen." Weiter drückt der König seine Zufriedenheit mit den Erklärungen Gesenius' und Wegscheiders aus, sie wollten alle Äußerungen vermeiden, die junge Theologen verwirren könnten. Altenstein wird vom König angewiesen, bei Besetzung von Stellen „die Anhänglichkeit an den Lehrbegriff der evangelischen Kirche" zu beachten. In den folgenden Jahren versucht die EKZ mehrfach erfolglos, den Streit erneut zu entfachen.

17 Friedrich Daniel Ernst Schleiermacher: Über den eigentümlichen Wert und das bindende Ansehen symbolischer Bücher, in: ders.: Theologisch-dogmatische Abhandlungen und Gelegenheitsschriften, hg. von Hans-Friedrich Traulsen unter Mitwirkung von Martin Ohst, Berlin, New York 1990, S. 117–144.

als Norm der Verkündigung nach innen fungieren sollen.[18] Damit werde nicht nur ein Klima der Angst geschaffen, sondern eine solche Normierung sei auch gar nicht zu überprüfen, denn es müsse ja immer eine Instanz geben, welche die Kontrolle kontrolliert. Die einzige akzeptable Norm sei die Schrift. Die Konflikte der Gegenwart drehten sich aber gerade um deren legitime Auslegung. Von diesem Streit um die rechte Interpretation ließen sich also auch die Bekenntnisschriften nicht ausnehmen. Unter den Bedingungen eines solchen aufgeklärten Umgangs mit den Bekenntnisschriften ist sodann aber nicht eine Vereinheitlichung, sondern vielmehr eine Pluralisierung der Interpretationen zu erwarten – so wie es im Falle der Schriftauslegung ja auch geschehen ist. Dieser Pluralismus ist nun gerade der von der Reformation erkämpfte und durch die Bekenntnisschriften angezeigte protestantische Weg. „Das Beste und Eigenthümlichste unserer Theologie“ nennt Schleiermacher den „rege[n] Trieb des Forschens in der Schrift, und über die Schrift.“[19] Eine Bekenntnisverpflichtung würde aber im Effekt eben die Preisgabe dieser reformatorischen Errungenschaften bedeuten, dann werde nur „der dann gewiß todte Buchstabe der symbolischen Lehre“ vorgetragen und der Zusammenhang zwischen Theologie und allgemein wissenschaftlicher Bildung aufgelöst.[20] Nur eine unbedingte Notlage, in der sich die Kirche von außen oder jedenfalls durch äußeren Zwang befindet, kann seiner Auffassung nach ein Bekenntnis legitimieren. Eine solche Lage und Notwendigkeit aber kann Schleiermacher in seiner Zeit nicht erblicken. Die theologischen Parteistreitigkeiten stellen bei weitem keinen Anlass dazu dar: „In einer Gemeine, wie die unsrige, wo freies Forschen in der Schrift gilt und gelten muss, sind Streitigkeiten unvermeidlich; und nach dem Standpunkt unserer Kritik und unserer Auslegungsweise werden sie noch lange unvermeidlich sein.“[21] Diese freie Art der Beschäftigung ist für die akademische Theologie ebenso grundlegend wie für das kirchliche Leben.

---

[18] Ebd., S. 125–128. Vgl. Martin Ohst: Schleiermacher und die Bekenntnisschriften. Eine Untersuchung zu seiner Reformations- und Protestantismusdeutung, Tübingen 1989, S. 109–118; Friedemann Voigt: Vermittlung im Streit (wie Anm. 12), S. 36–44.

[19] Friedrich Daniel Ernst Schleiermacher: Über den eigentümlichen Wert und das bindende Ansehen symbolischer Bücher (wie Anm. 17), S. 133.

[20] Ebd., S. 132.

[21] Ebd., S. 136.

Im Rahmen einer solchen Ausrichtung der Theologie stellt sich die Aufgabe, Religion und Theologie mit dem modernen wissenschaftlichen Bewusstsein zu vermitteln. Zur Lösung dieser Vermittlungsaufgabe gibt es kein fertiges Muster, auch kein System, sondern es geht darum, wie die berühmte Formulierung in Schleiermachers zweitem Sendschreiben an Lücke lautet, den in der Reformation grundgelegten „Vertrag" zwischen dem „lebendigen christlichen Glauben und der nach allen Seiten freigelassenen, unabhängig für sich arbeitenden wissenschaftlichen Forschung"[22] nun in einer zeitgemäßen Form zu konkretisieren. Die Pointe der Vertragsmetapher liegt darin, dass sie eine Vereinbarung zwischen gleichberechtigten Parteien anzeigt. Diese Anerkennung der Gleichrangigkeit der modernen Wissenschaften bedeutet für die Theologie ein selbständiges Erkenntnisinteresse auszubilden, mit dem sie sich von den Wissenschaften unterscheidet, ohne sich von deren Erkenntnissen zu isolieren.

In seiner Wissenschaftslehre, der Dialektik, und in seinem Wirken als Wissenschaftspolitiker, vor allem in der Berliner Akademie der Wissenschaften, hat Schleiermacher diese relative und einander ergänzende Selbständigkeit der Wissenschaften insgesamt zum Thema gemacht.[23] Die Akademie war für ihn die sittliche Gemeinschaft, in der sich die Individualität der einzelnen wissenschaftlichen Disziplinen wieder vereinigt. Dies aber nicht im Sinne einer Aufhebung in eine Disziplin, sondern als Kommunikationsgemeinschaft selbständiger Individuen. Der Philosophie freilich hat Schleiermacher so recht keinen Platz einräumen können. Sie sei zwar durchaus Basis der Akademie, aber gehöre ihr nicht selbst an, sondern habe ihren Platz an der Universität. Zwar stelle die Philosophie ihrem Wesen nach den Mittelpunkt dar, über den sich die verschiedenen Wissenschaften vermitteln und aus dem sich ihre enzyklopädische Ordnung entwickelt. Aber die Philosophie, so wie sie tatsächlich betrieben werde, neige zum Streit. Wenn sie besonders in ihrer spekulativen Gestalt als Systemphilosophie beansprucht, die Wirklichkeit aus ihren Gründen zu rekonstruieren, ist ihr die faktische Pluralität der wissenschaftlichen Weltdeutungen nur als zu überwindende Durch-

---

22 Friedrich Daniel Ernst Schleiermacher: Über die Glaubenslehre. Zweites Sendschreiben an Lücke, in: ders.: Theologisch-dogmatische Abhandlungen und Gelegenheitsschriften (wie Anm. 17), S. 350.

23 Friedrich Daniel Ernst Schleiermacher: Dialektik (1811), hg. von Andreas Arndt, Hamburg 1986; ders.: Dialektik (1814/15). Einleitung zur Dialektik (1833), hg. von Andreas Arndt, Hamburg 1988.

gangsstation auf dem Weg zu einer höheren Einheit akzeptabel. Schleiermacher, der das Erkenntnisideal idealistischer Systemphilosophie durchaus nicht grundsätzlich abgelehnt hat, unterscheidet neben ihr aber als zweiten Typus der Philosophie eine solche, die in stetigem Austausch mit den Einzelwissenschaften steht. In diesem Verständnis der Wissenschaften als Kommunikationsgemeinschaft ist das Ideal der Einheit der Erkenntnis nicht aufgegeben, aber hat als unendlich ferner Zielpunkt eine regulative Funktion. Diese konkretisiert sich in der Gegenwart in der Ausbreitung und dem wechselseitigen Durchdringen spekulativen und empirischen Wissens. Dieser Kommunikationsprozess wird in der Akademie exemplarisch institutionalisiert.

Der Grund für Schleiermachers Zurückweisung der Philosophie aus der Akademie war aber auch ein ganz pragmatisch wissenschaftspolitischer: Schleiermacher wollte verhindern, dass Hegel in die Akademie gewählt wurde, denn er befürchtete, dieser werde sodann versuchen, die Akademie nach Vorbild seiner Enzyklopädie zu ordnen. In zuspitzender, aber sehr erhellender Weise hat Gunter Scholtz Schleiermachers Wissenschaftsauffassung mit dem Wissenschaftsverständnis Hegels in Kontrast gesetzt. Beide Unternehmungen waren Konkretionen des Versuchs, die Vernunft als bewegende Größe moderner Wissenschaft und Politik zu repräsentieren. „Hegel war überzeugt“, so Scholtz, „daß seine spekulative Philosophie jene Vernunft begreife und artikuliere, während Schleiermacher der Ansicht war, allenfalls im Kommunikationsprozeß mache sich diese Vernunft geltend.“[24]

Tatsächlich inszenierte Hegel mit seiner „Societät für wissenschaftliche Kritik“ und den zugehörigen Jahrbüchern eine Gegenakademie. Deren Aufbau illustriert, was Schleiermacher verhindern wollte: Philosophie, Theologie und Jurisprudenz bilden dort eine philosophische Klasse. Sie werden von Hegel den rein auf Wahrheit ausgerichteten normativen Wissenschaften zugeschlagen und erhalten so einen gegenüber Naturwissenschaften und historisch-philologischen Disziplinen privilegierten Status.

Dieses historische Kapitel zeigt also bis in die Filiationen der Wissenschaftstheorie und Enzyklopädie hinein die immer wieder aufbrechende Frage nach der Organisationsstruktur wissenschaftlicher Erkenntnis, welche dieser Ordnung, Richtung und Grenzziehungen ermöglicht, so-

---

[24] Gunter Scholtz: Schleiermacher, Hegel und die Akademie, in: Christoph Jamme (Hg.): Die „Jahrbücher für wissenschaftliche Kritik“. Hegels Berliner Gegenakademie, Stuttgart-Bad Cannstatt 1994, S. 204–227, hier S. 205.

wohl innerhalb des Kosmos der Wissenschaften wie an dessen Grenzen zu Staat, Gesellschaft und Kultur. Die wissenschaftssystematischen Differenzen zwischen Schleiermacher und Hegel treten nicht zufällig an dem historischen Ort hervor, an dem die Theologie, genauer die Kirche und ihre Theologie die Stellung als oberste geistig-kulturelle Ordnungsmacht eingebüßt haben.

Seit dieser Zeit haben unterschiedliche Disziplinen ihren Hut in den Ring geworfen, an diese einst von Kirche und Theologie besetzte Stelle einer Leitwissenschaft zu treten. Vor allem die Philosophie und die Jurisprudenz erheben hier Ansprüche. Hier spielt, in welch sublimierter Form auch immer, die bei Hegel zu findende Überzeugung eine Rolle, dass sie die rationalen normativen Wissenschaften seien. Im 20. und im beginnenden 21. Jahrhundert noch mehr reklamieren auch die Naturwissenschaften eine Führungsrolle. Auch die Theologie hat die Hoffnung noch nicht aufgegeben, auf den Thron zurückzukehren. Und ein neuer Kandidat ist in den letzten Jahren immer deutlicher hervorgetreten: Die Ethik. Dabei ist von „der" Ethik in eigentümlicher Weise die Rede, als sei sie eine eigenständige wissenschaftliche Disziplin.

3. Die Freiheit der Wissenschaft und das Ethos der Ethik. Gegenwartsaufgaben

In aktuellen Debatten wird für „die Ethik" häufig beansprucht, wissenschaftliche Entwicklungen und Forschungsziele sollten von ihr bestimmt werden. Es ist erstaunlich, wie viel Zustimmung diese Heteronomie-Zumutung in der Öffentlichkeit findet. Ethik ist in ihrer massenmedialen Inszenierung zu einem Schlagwort geworden, welche gleichgesetzt wird mit „binär codiert und nicht verhandelbar".[25] Sie tritt als eine Verbotswissenschaft auf bzw. wird von ihr ein solches Auftreten erwartet, so dass sie als moralische Instanz als gleichsam das „ganz Andere" von Wissenschaft und Forschung vorgestellt wird. Wenn heute im Blick auf die Wissenschaftsfreiheit häufig von ihrer Bedrohung durch politische oder ökonomische Steuerung die Rede ist, wäre auch einmal darüber nachzudenken, welchen Steuerungsansprü-

[25] Vgl. Julia Inthorn: Ethische Konfliktlinien in der öffentlichen Kommunikation über Stammzellforschung, in: Ulrich H. J. Körtner, Christian Kopetzki (Hg.): Stammzellforschung. Ethische und rechtliche Aspekte, Wien, New York 2008, S. 93–105.

chen die Wissenschaften durch diesen verbreiteten Typus der Ethik ausgesetzt sind, der einerseits vor den Finalisierungen durch Staat und Wirtschaft warnt, andererseits die wissenschaftliche Forschung moralisch delegitimiert, so dass schließlich nur „die Ethik“ selbst als Leitwissenschaft übrig bleibt. Eine typische Forderung dieses Typus ist die nach Moratorien: Solange es keine ethischen Normen für den Umgang mit bestimmten wissenschaftlichen und technischen Verfahren gebe, solle nicht geforscht werden. In einer gesteigerten Variante kann das zu der Forderung führen, Wissenschaft und Forschung sollten nach Lösungen suchen, ohne dass sie „sich auf ethisch bedenkliche Felder begeben müssen“. Dieser Satz des Bundespräsidenten Johannes Rau aus seiner Berliner Rede vom 18. Mai 2001 wurde vom Rat der EKD in der Debatte um die Novelle des Embryonenschutzgesetzes zustimmend hervorgehoben.[26]

Tatsächlich aber ist das Problem in den allermeisten Fällen nicht, dass es noch keine ethischen Vorschläge zum Umgang mit diesen Gegenstandsbereichen gibt. Vielmehr gibt es im Gegenteil gerade viele, sich widersprechende ethische Überzeugungen. Die Forderung nach einem Moratorium oder einem Verzicht auf Forschung bei ethischen Bedenken richtet sich deshalb letztlich nicht nur gegen die Forschung, sondern auch gegen den bestehenden Pluralismus ethischer Überzeugungen.

In diesem antipluralistischen, autoritären Gestus auftretend, ist die Ethik gleichsam die Nachfolgerin des theologischen Dogmatismus und kann auch kritisch als ein analoger „Dogmatismus der Ethik“ bezeichnet werden.[27] Dass sich gerade in den jüngeren kirchlichen Stellungnahmen zu den Lebenswissenschaften auch des deutschen Protestantismus ein neuer ethisch-theologischer Dogmatismus zeigt, ist selbst wiederum Gegenstand theologischer Kritik geworden.[28] In diesen unterschiedlichen, widerstreitenden Ansichten aktualisieren sich also tief in die moderne Theologie eingelagerte Strukturen ihrer eigenen Theoriebildung, die, wie

[26] Der Schutz menschlicher Embryonen darf nicht eingeschränkt werden. Erklärung des Rates der EKD zur aktuellen bioethischen Debatte 2001.

[27] Trutz Rendtorff: Ethik. Grundelemente, Methodologie und Konkretionen einer ethischen Theologie, hg. von Reiner Anselm und Stephan Schleissing, 3. Auflage, Tübingen 2011, S. 75.

[28] Hartmut Kreß: Dogmatisierung ethischer Fragen. Kirchliche Stellungnahmen zu ethischen Themen: Neue Dogmatisierungen, Konfessionalisierungen und die Retardierung der kirchlichen ethischen Urteilsfindung, in: Materialdienst des Konfessionskundlichen Instituts Bensheim 61 (2010), S. 3–9.

gezeigt, seit mehr als zweihundert Jahren wirksam sind. Dabei sind es die Ethik bzw. die ethischen Gegenwartsdiskurse, die das Medium dieser alten Konflikte darstellen.[29]

Dass dies aber durchaus über die Theologie hinaus gilt, zeigen Wolfgang van den Daeles Analysen der Debatten aus dem Nationalen Ethikrat. Hier herrschte zwar *faktisch* ein Pluralismus der Positionen, der aber von den meisten Mitgliedern *normativ* nicht akzeptiert wurde. Nur weil die Entscheidung in diesen Fragen letztlich dem demokratischen Gesetzgebungsverfahren überlassen ist, wurde der moralische Pluralismus „zumindest implizit als legitimer Pluralismus anerkannt."[30] Van den Daele spricht dann auch von einer „halbierten" Anerkennung des Pluralismus.[31]

Diese Analyse weist freilich über sich selbst hinaus. Dies gilt strukturell und normativ: Strukturell sind die in jeder Positionalität enthaltenen Voraussetzungen ja grundsätzlich explikationsfähig. Wendet sich eine Position ihren Voraussetzungen zu, wird die Positionalität selbstreflexiv. Die dafür notwendige Explikation der Voraussetzungen hat eine Ausweitung des Untersuchungsbereiches zur Folge: Die Betrachtung der Ausdifferenzierung der eigenen Position führt zu einer Analyse der Genese der eigenen moralischen Überzeugung. Die damit einhergehende Historisierung und Relativierung der eigenen Position hat dann unabweislich auch Folgen für die Frage ihrer Geltung. Sie erscheint – zumindest potentiell – als eine relativ andere Auslegung einer Herkunft, die sie mit anderen, widersprüchlichen Positionen teilt. In normativer Hinsicht enthält diese Einsicht in die Voraussetzungshaltigkeit der eigenen Position den moralischen Appell, die damit einhergehende Einsicht in den Pluralismus als Voraussetzung der eigenen Position nicht nur hin-

---

29 Vgl. dazu auch Friedemann Voigt: Religion und Religionsvertreter in ethischen Diskursen und Kommissionen, in: Michael Zichy, Herwig Grimm (Hg.): Praxis in der Ethik. Zur Methodenreflexion der anwendungsorientierten Moralphilosophie, Berlin, New York 2008, S. 249–273; Friedemann Voigt, Gina Atzeni: Religion und Theologie in bioethischen Kommissionen. Eine Untersuchung zu Berufstheologen in ethischen Diskursen, in: Friedemann Voigt (Hg.): Religion in bioethischen Diskursen, Berlin, New York 2010, S. 215–244.

30 Wolfgang van den Daele: Streitkultur. Über den Umgang mit unlösbaren moralischen Konflikten im Nationalen Ethikrat, in: Dieter Gosewinkel, Gunnar Folke Schuppert (Hg.): Politische Kultur im Wandel von Staatlichkeit, Berlin 2008, S. 357–384, hier S. 382.

31 Ebd., S. 378.

zunehmen, zu dulden. Erzwungene Duldung ist in sich keine moralische Position. Die moralische Position realisiert sich vielmehr in der konstruktiven Gestaltung des Pluralismus. Für diese kritische Positionalität ist der Pluralismus zwar durchaus Selbstzweck, aber er „ist nicht unendlich. Die individuelle Besonderheit der einzelnen ethischen Positionen nimmt sich selbst wahr als Auslegung dessen, was sie mit anderen teilt.“[32]

In einem solchen Selbstverständnis ist die Theologie und ihre Ethik dann nicht Leitwissenschaft, sondern „Begleitwissenschaft“ für die wissenschaftlichen Erkenntnisse und die ihnen gegenüber sich artikulierenden öffentlichen Vorbehalte und Hoffnungen.[33] Trutz Rendtorff spricht von einem „Ethos der Ethik“, welches zu seinem Kern hat, „daß die ethische Theorie sich ihrer dienenden Funktion im Blick auf die konkreten Vollzüge der Lebensführung bewußt ist und bleibt.“[34] Mit anderen Worten hat die Ethik sich nicht an die Stelle der Sachverhalte zu setzen, die sie reflektiert. Gerade der theologischen Ethik des Protestantismus kommt hier im Sinne ihrer Geschichte und ihrer liberalen Prägung durch Schleiermacher, Troeltsch, Rendtorff und andere die Aufgabe zu, dieses Verständnis als Realisierung der Wissenschaftsfreiheit auf dem Gebiet der Ethik zu begreifen. Nicht zufällig sind in neueren Beiträgen zur „Freiheit der Wissenschaft“ gerade protestantische liberale Theologen in dieser Weise hervorgetreten.[35]

---

[32] Dietrich Rössler: Die Moral des Pluralismus. Anmerkungen zur evangelischen Ethik im Kontext der neuzeitlichen Gesellschaft, in: ders.: Akzeptierte Abhängigkeit. Gesammelte Aufsätze zur Ethik, hg. von Friedemann Voigt, Tübingen 2012, S. 85–106, hier S. 105.

[33] Vgl. Trutz Rendtorff: Ethik für die Wissenschaft – Bescheidwissen oder Begleitwissen?, in: Freiheit und Programm in Natur und Gesellschaft. Gaterslebener Begegnung 2001, Nr. 324, 2002 (Nova Acta Leopoldina N. F., Band 86), S. 177–189.

[34] Trutz Rendtorff: Ethik (wie Anm. 27), S. 75.

[35] Hartmut Kreß: Wissenschaftsfreiheit – ein Grundrecht in der Krise. Argumente zur Ethik der Wissenschaftsfreiheit heute, in: Ethica 11 (2003), S. 363–388; ders.: Die Rechtsordnung als Thema der Güterethik. Erörtert am Beispiel der Wissenschaftsfreiheit als Rechtsgut der Verfassung, in: Hans-Richard Reuter, Torsten Meireis (Hg.): Das Gute und die Güter. Studien zur Güterethik, Münster 2007, S. 183–209; ders.: Wissenschaft als Kulturgut und die heutige Krise der Wissenschaftsfreiheit. Problemhinweise zu einem vernachlässigten Thema aus ethischer Sicht, in: Hans-Georg Babke (Hg.): Wissenschaftsfreiheit, Frankfurt a. M. 2010, S. 77–115; Arnulf von Scheliha: Die Diskussion um die Wissenschaftsfrei-

Die Bewahrung und Verteidigung eines solchen Ethos der Ethik ist die Art und Weise, in der die Theologie die Wissenschaftsfreiheit so reflektiert und realisiert, dass sie damit der Bedeutung der Wissenschaftsfreiheit für ihre eigene Geschichte gerecht wird. Aus der Perspektive einer solchen, der Freiheit verpflichteten theologischen Ethik ist deshalb auch nicht die historisch fragwürdige Kontinuität oder Identität von Theologie und modernen Wissenschaften von normativer Bedeutung, sondern vielmehr die Frage der „Zusammenbestehbarkeit" im Sinne Ernst Troeltschs – diese setzt aber genau diese Respektierung der Wissenschaftsfreiheit voraus. Indem eine so verstandene Ethik sich selbst ebenso wie alle anderen beteiligten Wissenschaften als Beitrag zur Konfliktlösung und nicht für die Lösung selbst hält, eröffnet sie einen Diskursraum, der Verantwortung für wissenschaftliche Vorhaben und ihre Folgen als eine gemeinsame gesellschaftliche Aufgabe ermöglicht. Die Aufgabe der Theologie im Gespräch mit den modernen Lebenswissenschaften so zu begreifen und zu betreiben, könnte ihr jedenfalls eigene Chancen der Profilierung eröffnen, sowohl in der Öffentlichkeit wie im Kanon der Wissenschaften. Die damit einhergehenden Konsequenzen für die Gesellschaft wie die eigene Wissenschaft kann die Theologie im Bewusstsein ihrer eigenen modernen Geschichte jedenfalls gelassen und zuversichtlich ins Auge fassen.

---

heit im Spannungsfeld von christlichem und liberalem Freiheitsverständnis, in: ebd., S. 49–76.

Wahrheitsschäden – Gibt es eine soziale Verantwortung für wissenschaftliche Hypothesen?

Wolfgang van den Daele

1. Das Wahre ohne das Gute

In seinem „Entwurf einer historischen Darstellung der Fortschritte des menschlichen Geistes" von 1793 erwartet Nicolas de Condorcet, dass Vernunft und Erkenntnis den Menschen zu moralischer Vervollkommnung bestimmen und dass „die Natur Wahrheit, Glück und Tugend in einem unauflöslichen Band miteinander verknüpft hat". Mit einiger Vorsicht hat Condorcet seine Aussage in die Form einer suggestiven Frage gekleidet: „Toutes ces observations, enfin, [...] ne prouvent-elles pas que [...] la nature lie, par une chaîne indissoluble, la vérité, le bonheur et la vertu?"[1]

Falls die Natur ein solches Band je geknüpft hat, dann hat die Gesellschaft es jedenfalls zertrennt. Die Ausdifferenzierung der Wissenschaft hat Wahrheit und Moral auseinanderdividiert. In den Nürnberger Kriegsverbrecherprozessen von 1947 stand der Arzt Gerhard Rose vor Gericht. Er hatte im KZ Buchenwald Häftlinge mit Fleckfieber infiziert, um an ihnen die Wirksamkeit von Impfstoffen zu erforschen. Viele Testpersonen überlebten die Experimente nicht. In einer Verteidigungsrede berief Rose sich darauf, dass erst seine Forschung einen wirksamen Impfstoff identifiziert habe, der zu Massenimpfungen eingesetzt werden konnte.[2] Ob diese Einlassung zutreffend war, kann dahingestellt bleiben, sie war jedenfalls schlüssig: Dass die Experimente verbrecherisch waren, vergif-

---

1 Jean-Antoine-Nicolas Caritat Marquis de Condorcet: Esquisse d'un tableau historique des progrès de l'esprit humain, 1795, Html edition for „Eliohs" (Electronic Library of Historiography) by Guido Abbattista, February 1998, Abschnitt 293. URL: www.eliohs.unifi.it/testi/700/condorcet/index.html (Stand: 01.02.2012).

2 Alexander Mitscherlich, Fred Mielke (Hg.): Medizin ohne Menschlichkeit. Dokumente des Nürnberger Ärzteprozesses, Frankfurt a. M. 1978, S. 111/2.

tete nicht den Wahrheitsgehalt der durch sie gewonnenen Erkenntnis und schloss deren Nützlichkeit nicht aus. Aber das rettete natürlich den Täter nicht vor Bestrafung; Rose wurde in Nürnberg zu lebenslanger Haft verurteilt.

Die Ausdifferenzierung der Wissenschaft hat Wahrheit von Moral getrennt und ein auf Erkenntnisgewinn durch Forschung spezialisiertes abgesondertes Handlungssystem geschaffen. Aber sie hat keineswegs die soziale Praxis der Wissenschaft und die in ihr handelnden Personen von allen Rücksichten auf gesellschaftliche Ziele, Normen und Werte freigestellt. Die Forschung ist frei, aber nicht frei von Verantwortung. Diese Verantwortung trifft die Wissenschaft jedoch gewissermaßen von außen; sie muss als Einschränkung der Forschungsfreiheit definiert und durchgesetzt werden. Worin sie besteht, worauf sie sich bezieht und wie verbindlich (sprich: sanktionsbewehrt) sie ist, wird fortlaufend in der Gesellschaft ausgehandelt. Verantwortung ist Haftung für die Folgen eigenen Handelns; ihr normativer Grund ist das Gebot nicht zu schaden. Im Fokus öffentlicher Debatten steht seit dem Abwurf der Atombomben auf Hiroshima und Nagasaki die Frage, ob und wie die Wissenschaft für eine missbräuchliche oder schädliche Anwendung der von ihr erzeugten Erkenntnisse haftbar gemacht werden kann. Ich gehe im Folgenden der Frage nach, ob es auch eine soziale Verantwortung der Wissenschaft für Lasten gibt, die der Gesellschaft schon durch Erkenntnis als solche auferlegt werden. Niklas Luhmann bezeichnet solche Lasten als „Wahrheitsschäden“, die nach der funktionalen Ausdifferenzierung des Wissenschaftssystems als unvermeidlich hingenommen werden müssen. Gelegentlich gibt es daran Zweifel. Sind doch Einschränkungen der Freiheit der Wissenschaft angezeigt, wenn „Wahrheitsschäden“ drohen?[3]

2. James Watson „stört den Frieden der Welt“

Hypothesen und Befunde der Wissenschaft stoßen auf Widerstand in der Gesellschaft, wenn sie Gewissheiten in Frage stellen, die in kulturell etablierte Deutungs- und Wertmuster eingelassen sind. Sigmund Freud erklärte so die Ablehnung und Leugnung seiner eigenen Theorie: Es

[3] Siehe Niklas Luhmann: Die Wissenschaft der Gesellschaft, Frankfurt a. M. 1992, S. 663 ff.; vgl. auch Dieter Grimm: Wissenschaft verantworten. Wissenschaftsfreiheit vor neuen Grenzen?, Göttingen 2007.

„liegt [...] in der menschlichen Natur, daß man geneigt ist, etwas für unrichtig zu halten, wenn man es nicht mag [...]. Die Gesellschaft macht also das Unliebsame zum Unrichtigen".[4] Und unliebsam war die Psychoanalyse, weil sie „mit zweien ihrer Aufstellungen [...] die ganze Welt" beleidigt – mit der Behauptung, „daß die seelischen Vorgänge an und für sich unbewußt sind" und mit der Behauptung, „daß [sexuelle] Triebregungen [...] eine ungemein große und bisher nie genug gewürdigte Rolle in der Verursachung der Nerven- und Geisteskrankheiten spielen".[5] Freud konstatierte, dass seine Forschung, „welche dem Ich nachweisen will, daß es nicht einmal Herr ist im eigenen Hause, sondern auf kärgliche Nachrichten angewiesen bleibt von dem, was unbewußt in seinem Seelenleben vorgeht", „den Frieden dieser Welt" stört.[6]

Den sozialen Frieden hat offenbar auch James Watson gestört, als er 2007 in einem Interview mit der britischen „Sunday Times" dazu aufforderte, die Unterschiede im Intelligenzniveau zwischen ethnischen Gruppen zu untersuchen. Es sei Wunschdenken anzunehmen, solche Unterschiede gebe es nicht. „There is no firm reason to anticipate that the intellectual capacities of peoples geographically separated in their evolution should prove to have evolved identically. Our wanting to reserve equal powers of reason as some universal heritage of humanity will not be enough to make it so." Wir hoffen vielleicht, dass die intellektuellen Kapazitäten unterschiedlicher Gruppen gleich verteilt sind, aber (so wird Watson auch zitiert) „people who deal with black employees find, that this is not true".[7]

Das Interview löste einen Sturm der Entrüstung aus und führte auch in der scientific community zu Sanktionen. Watson wurde von den Wissenschaftsorganisationen, die ihn für eine Vortragsreise nach Großbritannien geholt hatten, umgehend wieder ausgeladen und in den USA zwang ihn das „Cold Spring Harbour Laboratory", das er Jahrzehnte geleitet hatte, von der Position des Honorary Dean zurückzutreten. Das war die öffentliche Demontage einer Leitfigur der modernen Biologie. Watson, der für die Entdeckung des genetischen Codes mit dem No-

4 Sigmund Freud: Gesammelte Werke, 11. Band: Vorlesungen zur Einführung in die Psychoanalyse (1917), 3. Auflage, Frankfurt a. M. 1961, S. 16.

5 Ebd., S. 14 f.

6 Ebd., S. 295.

7 Charlotte Hunt-Grubbe: The elementary DNA of Dr. Watson, in: The Sunday Times, 14. Oktober 2007.

belpreis ausgezeichnet worden war, hatte schlagartig seine Reputation verspielt.[8]

Watson hatte sich nicht nur durch seine herabsetzende Wortwahl dem Vorwurf ausgesetzt, rassistische Vorurteile zu bedienen. Der Vorwurf galt schon der von ihm aufgeworfenen Forschungsfrage, denn diese impliziert als Hypothese, dass die schwarze Bevölkerung als Gruppe genetisch bedingt weniger intelligent sein könnte als die weiße Bevölkerung. Dass diese Hypothese wissenschaftlich fragwürdig ist, kann dabei nicht der Kern des Problems sein. Fragwürdige Hypothesen sind Normalität in der Forschung. Die Wissenschaft lernt aus Fehlern. Hypothesen werden geprüft – und fallengelassen, wenn sie sich als falsch oder unbegründet erweisen. Das Problem ist vielmehr, dass Watsons Hypothese politisch und moralisch fragwürdig ist. Sie spielt schon als solche rassistischen Vorurteilen in die Hände und verletzt dadurch die elementare Norm, dass Menschen einander als Gleiche unter Gleichen Respekt schulden. Die öffentliche Wahrnehmung ist offenbar, dass man von der Forschung, die Watson im Auge hat, nichts Gutes zu erwarten habe und sie deshalb unterbleiben solle. Die Forderung nach einem Forschungsverzicht trifft auf Resonanz in der Wissenschaft. So zog etwa in einer Debatte im „American Psychologist" 2006 einer der Beteiligten folgendes Fazit: „Given the complexity of the human genome and the history of (continuous) intermixtures, I doubt if it will ever be possible to correlate our genes with our racial (i. e. social) identities. Nor can I imagine why anyone should want to do so. What service to society or science will this fulfill?"[9]

Ob die Erwartung, dass die Wissenschaft sich hier zügelt, durch moralischen Konsens in der Gesellschaft oder das Verfassungsideal der Gleichheit gedeckt ist oder bloß einem Kanon von Political Correctness entspringt, ist am Ende nicht entscheidend. Entscheidend ist, dass es normative Vorbehalte gegen die wissenschaftliche Prüfung von Hypothesen über Rasse und Intelligenz gibt und Wissenschaftler mit Sanktionen rechnen müssen, wenn sie diese Vorbehalte ignorieren. Die Gesellschaft wehrt sich gegen das Risiko, mit Wissensansprüchen konfrontiert zu werden, die dem Wertempfinden vieler Menschen wider-

---

[8] Siehe Editorial: Watson tells the inconvenient truth: Faces the consequences, in: Medical Hypotheses 70 (2008), S. 1081–1091, hier S. 1081.

[9] Audrey Smedley: On the confusion of „race" with biophysical diversity, in: American Psychologist 61 (2006), S. 180 f., hier S. 181.

sprechen und sozialen Konflikt schüren können. Ist solcher Widerstand berechtigt und aussichtsreich? Endet die Freiheit der Wissenschaft an der Sozialverträglichkeit von Erkenntnis? Kann man verlangen, dass Wissenschaftler auf Forschung verzichten, deren Ergebnisse den Frieden der Welt zu stören drohen?

Als ausdifferenziertes Sozialsystem operiert die Wissenschaft nach funktionsspezifischen Standards und Regeln, aber nicht jenseits der Normen und Werte der Gesellschaft, in die sie eingebettet ist. Das nachfolgende Tableau zeigt ein breites Spektrum der Forderungen nach sozialer Verantwortung der Wissenschaft. Es zeigt auch, dass Wissenschaftler nur begrenzt für Schäden haften, die sie durch Forschung anrichten.

3. Ein Tableau von Verantwortung in der Wissenschaft

Die folgende Tabelle unterscheidet Bereiche der sozialen Verantwortung von Wissenschaft und benennt Kontrollmechanismen und Sanktionen, die für die Realisierung der Verantwortung in Betracht kommen:

Verantwortungsbereich/Normen	*Kontrollmechanismen/Sanktionen*
Verantwortung für die Integrität der Forschung (Funktionsethik) Beispiele für Devianz: Fälschung, Plagiat	Professionelle Selbstkontrolle Sanktionen: Reputationsentzug, berufs- und arbeitsrechtliche Nachteile (Entlassung)
Verantwortung für Schäden, die durch das Forschungshandeln selbst (die Verfahren und Methoden des Wissensgewinns) verursacht werden Beispiele: Experimente an Versuchspersonen ohne wirksame Einwilligung, Umweltschäden durch Feldforschung	Professionelle Selbstkontrolle (Ethikkommissionen), hierarchische Kontrolle („Dienstaufsicht“), persönliche (zivilrechtliche und strafrechtliche) Haftung des Forschers

Verantwortung für Schäden, die durch die Anwendung (den Missbrauch) von Forschungsergebnissen verursacht werden Beispiele: Gesundheitsschäden durch in der Produktion eingesetzte neue Materialien; Umweltschäden durch Pestizide in der Landwirtschaft	Verantwortungsrhetorik – den „verursachenden" Forscher trifft eine (sanktionslose) Pflicht, über ihm erkennbare Folgeprobleme aufzuklären Die Verantwortung wird in die Gesellschaft (auf Anwender und Zulassungsbehörden) verschoben; die Wissenschaft trägt als Institution (durch Risikoforschung und Technikfolgenabschätzung) zur Anwendungskontrolle bei.
Verantwortung für Schäden, die schon durch die Erzeugung und Verbreitung von Erkenntnis verursacht werden („Wahrheitsschäden") Beispiel: Erschütterung des Menschenbildes, das konstitutiv für Institutionen der Gemeinschaft ist; Verletzung religiöser Gefühle durch die Evolutionstheorie	Grenzen erlaubten Wissens? Verantwortung für Fragestellungen und Hypothesen? Forschungsverbote? Das Recht, nicht erforscht zu werden, als Grenze der Forschungsfreiheit? Veröffentlichungskontrollen?

Von den aufgeführten Bereichen sollte man die Verantwortung für die wissenschaftliche Integrität der Forschung hier vor die Klammer ziehen. Die Einhaltung von Normen, die funktionale Imperative des Erkenntnisgewinns kodifizieren und so den Betrieb der Wissenschaft überhaupt in Gang halten, ist unbestritten die gesellschaftliche Geschäftsgrundlage der Gewährung von Forschungsfreiheit. Dass Forscher keine Daten fälschen und ihre Ergebnisse der Kritik von Fachkollegen („peers") aussetzen, gehört ebenso zur Funktionsethik der ausdifferenzierten Wissenschaft wie die Einhaltung von Verträgen und der Verzicht auf Preisabsprachen zur Funktionsethik ausdifferenzierter Marktwirtschaft gehören. Zur Funktionsethik der Wissenschaft als kooperatives, auf Erkenntnisgewinn programmiertes Handlungssystem gehört auch, dass man nicht die Ergebnisse anderer Forscher als eigene Leistung in Anspruch nimmt. Nicht dazu gehört dagegen, dass man nur Richtiges als Erkenntnis präsentiert oder sich an die Methoden und Theorien hält, die in der wissenschaftlichen Gemeinschaft als Weg zu richtiger Erkenntnis anerkannt sind. Irrtum ist (anders als Täuschung) in der Wissenschaft legitim. Ebenso ist die Abweichung von etablierten Paradigmen legitim – man muss sie nur als solche vertreten. Die Integrität der Forschung wird traditionell durch professionelle Selbstkontrolle und Berufsrecht überwacht; die Sanktionen reichen vom Reputationsverlust über die

Aberkennung von Publikationen, den Entzug von Forschungsgeldern bis hin zur Zerstörung der Karriere durch Entlassung.[10]

Die drei anderen aufgeführten Verantwortungsbereiche appellieren sämtlich an die moralische und rechtliche Pflicht, nicht zu schaden. Sie fordern Verantwortung für die Folgen eigenen Handelns. Dass diese Verantwortung auch der durch die Verfassung garantierten Forschungsfreiheit Grenzen setzt, ist ebenfalls selbstverständlich. Der klarste Fall ist die Pflicht, Schäden zu vermeiden, die durch die Art und Weise des Erkenntnisgewinns (beispielsweise gefährliche Experimente) drohen. Auf dem Wege zur Erkenntnis ist keineswegs jedes Mittel recht. Niemand darf zum Zwecke der Forschung die Rechte anderer Menschen missachten oder das Gemeinwohl gefährden.

Dagegen werden Forscher durch die Ausdifferenzierung der Wissenschaft so gut wie vollständig von persönlicher Verantwortung für indirekte Folgen neuen Wissens entlastet. Für Probleme, die dadurch entstehen, dass Dritte neues Wissen, etwa als technische Innovation, anwenden oder missbrauchen, haften die Dritten (und die Behörden, die für die Zulassung neuer Technik zuständig sind), nicht die Forscher, die das Wissen verfügbar gemacht haben. Zwar wird auch hier eine soziale Verantwortung der Wissenschaft immer wieder angemahnt; aber praktisch läuft die Forderung meist ins Leere. Abgesehen von sehr eng auf spezifische Ziele zugeschnittenen Projekten kann die schädliche Anwendung neuen Wissens nur durch die Regulierung der Anwendung kontrolliert werden, nicht durch Unterdrückung der Forschung. Mit der Kontrolle bereits an der Forschung anzusetzen, scheidet schon deshalb aus, weil es dann kaum noch Grenzen gibt. Wissen ist eine allgemeine Ressource, die zu einer unabsehbaren Menge von partikularen und möglicherweise schädlichen Zwecken genutzt werden kann.

Damit ist allerdings nicht auch die Wissenschaft als soziales System oder als Institution komplett aus der Verantwortung entlassen. Wissenschaftler nehmen die positiven Folgen der Anwendung neuen Wissens offensiv als Legitimitätsressource in Anspruch, um die gesellschaftliche Akzeptanz des Privilegs der Forschungsfreiheit abzusichern. Daher müssen sie hinnehmen, dass im Gegenzug in Politik und Öffentlichkeit die schädlichen Folgen solcher Anwendung, also etwa die Risiken oder der Missbrauch wissenschaftsbasierter Technologien, als Akzeptanzproblem

---

10 Immer öfter ziehen inzwischen aber auch politische Instanzen die Regulierung und Kontrolle an sich, und sei es, um die Selbstüberwachung der Wissenschaft ihrerseits zu überwachen.

zu Buche schlagen. Sie können hier als Personen Verantwortung übernehmen, indem sie ihr gesellschaftliches Prestige politisch in die Waagschale werfen, um angemessene Kontrollen zu erreichen. In diesem Sinne haben sich nach dem Schock des Atombombenabwurfs auf Hiroshima und Nagasaki viele Forscher für Rüstungskontrollen und eine ausschließlich zivile Nutzung der Kernenergie engagiert. Und Wissenschaft kann als Institution Verantwortung übernehmen, indem sie sich reflexiv auf sich selber wendet und die Folgen von Forschung wiederum zum Gegenstand von Forschung macht – was inzwischen in Form von Risikoforschung und Technikfolgenabschätzung gängige Praxis ist.

Diese Formen von Verantwortungsübernahme werden von der Gesellschaft erwartet und sind heute vielleicht eine der Bedingungen dafür, dass Freiheit der Forschung und die Privilegierung der Wissenschaft durch öffentliche Finanzierung einigermaßen problemlos hingenommen werden. Aber das läuft nicht darauf hinaus, dass die Verursacher neuen Wissens wirklich für die Schäden haften, die durch die Anwendung ihres Wissens angerichtet werden. Wissenschaftler, die sich für eine effektive Regulierung der Anwendung oder für mehr Wissenschaft über die Folgen ihrer Erkenntnisse einsetzen, handeln als politische Bürger. Die Folgen ihrer Erkenntnisse zu kontrollieren, liegt außerhalb ihrer Entscheidungsmacht. Das stellt sie rechtlich von persönlicher Verantwortung und von formalen sozialen Sanktionen frei: ultra posse nemo obligatur.[11]

Eine besondere persönliche Verantwortung tragen die Forscher allenfalls, wenn sie über privilegiertes (nicht für jeden Fachmann erkennbares) Wissen über Gefahren der Anwendung verfügen. Dann müssen sie die Öffentlichkeit aufklären. Das ist jedenfalls das Fazit des Bundesverfassungsgerichts, das die vom Hessischen Hochschulgesetz den Wissenschaftlern auferlegte Verpflichtung „die gesellschaftlichen Folgen mitzubedenken und über gefährliche Forschungsergebnisse zu informieren" für rechtens erklärt hat – als mit dem Grundrecht der Freiheit der For-

---

[11] Ob das auch moralisch gilt, kann man fragen. Prominente Vertreter der physikalischen Grundlagenforschung haben sich zu moralischer Schuld für das Unheil bekannt, das durch die spätere Anwendung ihrer Erkenntnis in die Welt gekommen ist. Aber sie haben sich zugleich den tragischen Charakter ihrer Schuld bescheinigt. Sie konnten, als sie die Geheimnisse des Atoms entschlüsselten, das kommende Unheil weder voraussehen noch abwenden. Und dass sie auf ihre Forschung hätten verzichten müssen, um diesem Schicksal vorzubeugen, haben sie nicht in Betracht gezogen.

schung vereinbar.[12] Dass die Forscher mehr als Andere über die möglichen Folgen der Verwendung ihrer Forschungsergebnisse wissen, ist aber keineswegs ausgemacht und sogar eher unwahrscheinlich. Wer weiß, wie man etwas macht, weiß nicht notwendigerweise auch, was passieren kann, wenn man es macht. Ein Pflicht zu warnen haben sie immerhin. Aber diese Pflicht ist eine schwache normative Erwartung; niemand muss ernstlich Sanktionen befürchten, wenn er sich ihr entzieht.

Wie passen „Wahrheitsschäden" in dieses Tableau? Theoretisch könnte man die Wissenschaft haftbar machen, indem man Forscher zwingt, auf Fragestellungen und Untersuchungen zu verzichten, die gesellschaftlich unerwünscht oder gefährlich sind, weil sie „den Frieden der Welt stören". Relevante Praxis ist solche Haftung nicht geworden. Die gesellschaftlichen Reaktionen auf das Risiko von Wahrheitsschäden waren historisch zwiespältig und sind es bis heute. Zu Beginn der Neuzeit wurde versucht, die Wissenschaft in die Schranken zu weisen, indem man den Geltungsanspruch ihrer Erkenntnisse herunterschraubte.

4. Nicht Wahrheit, sondern „Rettung der Phänomene"?

Andreas Osiander hat in seinem Vorwort zu Nikolaus Kopernikus „De revolutionibus orbium coelestium" vorgeschlagen, den Wahrheitsanspruch der neuen astronomischen Theorie drastisch zu reduzieren, um dem Konflikt mit dem Weltbild der Religion und den Mächten der Kirche auszuweichen. Die Theorie sei nur eine Methode der Berechnung, mit der man die beobachteten Bewegungen der Himmelskörper besser und einfacher wiedergeben und voraussagen könne. Sie beanspruche nicht, zu den „wahren Ursachen" dieser Bewegungen vorzudringen, also die Wahrheit über die Beschaffenheit der Himmelssphären aufzudecken.[13] Kardinal Bellarmin hat im Konflikt mit Galileo diesem offenbar ebenfalls einen solchen Geltungsverzicht vorgeschlagen, um die Wahrheit der Religion vor der Wissenschaft in Sicherheit zu bringen.

---

[12] Das Gesetz verlange von den Wissenschaftlern „nichts, was man angesichts der schweren Gefahren, welche die Entwicklung der modernen Wissenschaften in sich birgt, von ihnen vernünftigerweise nicht ohnehin erwarten darf". Bundesverfassungsgericht: Beschluss vom 1.3.1978, siehe Neue Juristische Wochenschrift 31 (1978), S. 1621–1624.

[13] Dass die Himmelskörper sich um die Sonne drehen, ist eine Hypothese, durch welche die „schon vor Zeiten richtig begründeten Wissenschaften [sprich: die

Verfangen hat diese Strategie nicht. Die Protagonisten und Propagandisten der modernen Naturwissenschaften gaben sich mit der „Rettung der Phänomene“ nicht zufrieden. Sie wollten sicheres Wissen („certitudo“) über die wirklichen Dinge und beanspruchten zu erkennen, was die Welt in Wahrheit ist. Schon im Konflikt mit Galileo war vermutlich zumindest den Astronomen im Vatikan schon klar, dass man die kulturelle Sprengkraft der kopernikanischen Theorie nicht entschärfen kann, indem man ihr Wahrheit abspricht. Die Theologen versuchten es mit der Unterdrückung der Wissenschaft. Sie zwangen Galileo zum Widerruf und setzten die Astronomie des Kopernikus auf den Index der für die Gläubigen bei Strafe der Exkommunikation verbotenen Bücher.

Die Frage, ob Wissenschaft erkennt, was die Wirklichkeit in Wahrheit ist oder bloß Mittel bereitstellt, mit dieser Wirklichkeit umzugehen, begleitet als Streit zwischen instrumentalistischen und realistischen Deutungen von Theorien die Wissenschaftsentwicklung bis heute. Eine instrumentalistische Deutung drängt sich auf, wenn die Theorie, wie in der modernen Physik, im Wesentlichen mathematische Beziehungen zwischen Größen herstellt, von denen man nicht sagen kann, was ihnen in der Wirklichkeit entspricht.[14] Aber auch bei dieser Deutung wird der Geltungsanspruch wissenschaftlicher Erkenntnis nicht so weit zurückgedrängt, dass er (den ontologischen Prämissen von) Wertvorstellungen, denen Menschen in ihrem Alltag anhängen und die gesellschaftlichen

---

von der Theologie absorbierte aristotelische Kosmologie] nicht hätten gestört werden sollen. [...] Es ist nämlich nicht erforderlich, dass diese Hypothesen wahr, ja nicht einmal, dass sie wahrscheinlich sind, sondern es reicht schon allein hin, wenn sie eine mit den Beobachtungen übereinstimmende Rechnung ergeben“. Osiander warnt den Leser davor, die Hypothesen der Astronomie für Gewissheit zu halten, „damit er nicht, wenn er das zu anderen Zwecken Erdachte für Wahrheit nimmt, thörichter aus dieser Lehre hervorgehe, als er gekommen ist.“ Andreas Osiander: An den Leser über die Hypothesen dieses Werkes (1543), deutsche Fassung in: Nicolaus Coppernicus: Über die Kreisbewegungen der Weltkörper, übersetzt von Carl Ludwig Menzzer, hg. von dem Coppernicus-Verein für Wissenschaft und Kunst zu Thorn, Thorn 1879; verfügbar unter: http://pds.lib.harvard.edu/pds/view/4811411?n=32&imagesize=1200&jp2Res=.25&printThumbnails=no (Stand: 01.02.2012).

14 Der britische Astronom Arthur Eddington konstatierte 1929, dass die Theorie des Atoms richtige Voraussagen über den Ausgang von Experimenten macht. Aber: „Something unknown is doing we don’t know what – that is what our theory amounts to“. Sie funktioniert trotzdem, weil sie auf Zahlen und Messungen beruht: „Behind it all quantum *h* regulates each change with mathematical

Institutionen zugrunde liegen, nicht mehr gefährlich werden kann. Denn die Theorien bleiben Aussagen über die Realität; die Brücke dazu sind die in ihnen enthaltenen beobachtbaren Größen.[15] Beobachtungen, die gewissermaßen mit Händen zu greifen waren, machten in der frühen Neuzeit den Versuch zunichte, den Geltungsanspruch von Wissenschaft durch eine instrumentalistische Deutung so zu relativieren, dass das Weltbild der Religion den Zusammenprall mit der Astronomie übersteht. Als im 19. Jahrhundert die Religion mit der Darwin'schen Theorie der Entstehung biologischer Arten kollidierte, wurde eine solche Relativierung gar nicht erst versucht. Die Theorie wurde als unbegründet oder spekulativ bekämpft, aber nicht mit dem Argument, dass sie, selbst wenn sie in der Wissenschaft besteht, damit noch nicht als wahre Erkenntnis der Realität der lebendigen Natur gelten muss. Das Argument hätte sich angesichts der Fülle von für jedermann nachvollziehbaren Beobachtungen, die für die Theorie mobilisiert wurden, auch schwerlich verteidigen lassen.

Auch bei den Untersuchungen zur Intelligenz kann man den Geltungsanspruch der Wissenschaft in Frage stellen. Dass die Messung des IQ abdeckt, was das menschliche Erkenntnisvermögen in Wirklichkeit ist, kann man schwerlich verteidigen. Darauf wird im Konflikt um die Intelligenzforschung auch immer wieder hingewiesen. Aber es taugt nicht, um den Konflikt zu entschärfen. Denn dass die Tests nichts über menschliche Intelligenz sagen, kann man ebenso wenig sagen, und es wird auch beim Publikum nicht geglaubt.

Versuche, der Herausforderung von Werten durch die Wissenschaft dadurch zu entgehen, dass man den Geltungsanspruch der Wissenschaft minimiert, dürften zum Scheitern verurteilt sein. Das gilt auch für Reflexionstheorien, die Erkenntnis als historisch bedingt und sozial konstru-

---

precision". Arthur Eddington: The Nature of the Physical Word, Cambridge 1929, S. 290–292. Wissenschaftliche Erkenntnis „can grasp the tune, but not the player" (S. 292). Und deshalb handelt die Melodie, die hier gesungen wird, eher von erfolgreicher Manipulation der Dinge als von deren Wesen.

15 Mary Hesse weist darauf hin, dass man zu irgendeiner realistischen Deutung wissenschaftlicher Erkenntnisse kommen muss, wenn man deren unbestreitbarer Kumulativität Rechnung tragen will: „A realistic appraisal of science with respect to its accumulating and approximative discoveries does not entail realism of its primary entities and their properties as described in any given theory [...] but it implies that theoretical entities are reinterpretations of observable entities". Mary Hesse: The Structure of Scientific Inference, Berkeley 1974, Chapter 12: A Realist Interpretation of Science, S. 283–302, hier S. 301.

iert ausweisen. Modernen Kulturen mag durch epistemologische und wissenssoziologische Kritik der Glaube an absolute Wahrheiten abhanden gekommen sein. Aber das betrifft Wissen und Werte gleichermaßen. Und es relativiert Geltungsansprüche lediglich auf der Metaebene intellektueller Reflexion, nicht auch auf der Objektebene gesellschaftlicher Praxis. Man kann sich wissenschaftlichen oder moralischen Geltungsansprüchen nicht mit dem Hinweis auf ihre soziale Konstruktion entziehen.[16] Dass die Realität sozial konstruiert ist, macht sie nicht weniger real. Selbst wenn die konstruktivistische Wende aus den Reflexionstheorien ins Alltagsbewusstsein einwandern würde, würde das einen Konflikt zwischen der Wissenschaft und gesellschaftlichen Werten nicht kulturell harmlos machen. Es würde lediglich den naiven Glauben, dass es dabei um Realität schlechthin geht, durch die reflexive Einsicht ersetzen, dass es um konstruierte Realität geht. An dem Konflikt ändert sich dadurch nichts.

5. Rückzug auf objektives Wissen: „not meddling with Divinity, Metaphysics, Moralls, Politicks […]"?

In seinem Satzungsentwurf für die „Royal Society" von 1663 versuchte Robert Hooke, die Zustimmung des englischen Königs Charles II. zu gewinnen, indem er hervorhob, was in der zu gründenden Gesellschaft alles nicht gemacht werde: „The Business and Design of the Royal Society is: to improve the knowledge of naturall things […] by Experiments – (not meddling with Divinity, Metaphysics, Moralls, Politicks, Grammar, Rhetorick or Logick)".[17] Hooke wollte damit nicht nur zusi-

[16] Versucht wird es allerdings. In den USA hat 2005 ein Soziologe als Gutachter in einem Rechtsstreit über das Schulcurriculum zu Gunsten der Gegner der Darwin'schen Evolutionstheorie das Argument angeführt, dass Theorien in der Wissenschaft soziale Konstruktionen seien und daher keinen epistemischen Vorrang vor der aus der Bibel abgeleiteten Erklärung der Entstehung lebendiger Arten („intelligent design") beanspruchen könne. Das ging selbst eingefleischten Wissenssoziologen zu weit, die sich jahrelang ihrerseits bemüht hatten, den Wahrheitsanspruch der Wissenschaft zu dekonstruieren; vgl. Kevin Lambert: Fuller's Folly, Kuhnian Paradigm, and Intelligent Design. Social Studies of Science 36, No. 6 (2006), S. 835–842 und die übrigen Beiträge in derselben Ausgabe der Zeitschrift „Social Studies of Science".

[17] Abgedruckt bei Martha Ornstein: The role of scientific societies in the seventeenth century, London 1963, S. 108; siehe zum Folgenden auch Wolfgang van

chern, dass die Mitglieder der „Royal Society" sich als Personen jeder Einmischung in theologische, moralische oder politische Fragen enthalten würden. Sie würden sich gewissermaßen automatisch enthalten, weil die Wissenschaft, der sie anhängen, die experimentelle Philosophie, zu solchen Fragen prinzipiell nichts zu sagen hat.

Hooke ging auf Distanz zu den Enthusiasten der Neuen Wissenschaft, die im England der Cromwell'schen Revolution durch experimentelle Philosophie auch die Frömmigkeit erneuern, die Beschränkungen des Ancien Régime aufheben und pädagogische Reform ins Werk setzen wollten. Das tat er, nicht weil es nach der Restauration des Königtums nicht mehr ratsam war, subversive Ziele zu verfolgen, sondern weil das die Wissenschaft mit unerfüllbaren Erkenntnisansprüchen befrachtet. Diese kann durch Beobachtung und Experiment nur objektives Wissen erzeugen, das enthüllt, was in der Welt tatsächlich der Fall ist und dadurch Mittel bereitstellen, technisch in die Natur einzugreifen. Aber sie bleibt abgeschnitten von jeder Einsicht in das, was moralisch oder politisch der Fall sein sollte, was angemessene Zwecke für technische Eingriffe sind und was der Sinn der Natur für die menschliche Existenz ist.

Die Wissenschaft mischt sich nicht ein, weil sie es nicht kann. Dieses Versprechen glaubte Hooke geben zu können, weil der Rückzug auf Objektivität die Wissenschaft normativ entwaffnet hat. Für Sinnfragen ist sie nicht zuständig.[18] Daher sollte es auch keine Frage mehr sein, ob Wissenschaft und Religion kompatibel sind; beide sind gültige, aber getrennte Domänen menschlicher Einsicht. Dies ist bis heute die Prämisse gläubiger Wissenschaftler. Die Protagonisten des 17. Jahrhunderts waren sich allerdings in dieser Hinsicht lange nicht so sicher und betonten demonstrativ, dass im Zweifel der Religion der Vorrang gebühre. So hat

---

den Daele: Die soziale Konstruktion der Wissenschaft: Institutionalisierung und Definition der positiven Wissenschaft in der zweiten Hälfte des 17. Jahrhunderts, in: ders., Gernot Böhme, Wolfgang Krohn (Hg.): Experimentelle Philosophie. Ursprünge autonomer Wissenschaftsentwicklung, Frankfurt a. M. 1977, S. 129–181.

[18] Sie hat die Natur entsakralisiert und die Erkenntnis der Natur trivialisiert. Sie hat neben der Vorstellung der Natur als Schöpfungsordnung und beseeltem Kosmos die Vorstellung der Natur als „storehouse of matter" etabliert, als Warenlager von Dingen, aus dem der Mensch sich nach seinen Zwecken bedienen kann; siehe Francis Bacon: Novum Organum (1620), in: James Spedding, Robert Ellis, Douglas Heath (Hg.): The Works of Francis Bacon, Band IV, Stuttgart 1963, S. 225. Max Weber hat das als „Entzauberung der Welt" beschrieben.

Robert Boyle 1665 „The Excellency of Theology" gepriesen und versichert, dass er die Menschen lieber unwissend als unchristlich sähe. Er nahm allerdings an, dass die Religion das sacrificium intellectus von der Wissenschaft nicht fordern werde, weil die Wahrheit über die Natur zu wissen ein sicherer Weg zum Glauben an Gott und zu demütiger Anbetung sei.[19]

Dass diese Annahme falsch war, hat die Geschichte gezeigt. Mitte des 19. Jahrhunderts kollidierte Darwins Theorie der Entstehung natürlicher Arten mit der Religion. Diese Kollision war für Sigmund Freud die (nach Kopernikus) zweite der großen „Kränkungen ihrer naiven Eigenliebe", die „die Menschheit im Laufe der Zeiten von der Wissenschaft [hat] erdulden müssen [...], als die biologische Forschung das angebliche Schöpfungsvorrecht des Menschen zunichte machte, ihn auf die Abstammung aus dem Tierreich und die Unvertilgbarkeit seiner animalischen Natur verwies."[20]

Anders als Robert Hooke den englischen König glauben machen wollte, hat die Beschränkung auf objektive Erkenntnis die Wissenschaft keineswegs kulturell harmlos gemacht. Wertfreie (besser: wertfrei gemachte) Wissenschaft kann sich massiv in Religion, Moral und Politik einmischen. Und zwar nicht nur, indem die Wissenschaftler sich als öffentliche Intellektuelle mit eigenen Wertungen in den kulturellen und politischen Kämpfen ihrer Zeit positionieren. Dabei verteilen sie häufig ungedeckte Schecks, wenn sie sich auf ihre Wissenschaft berufen. Die Wissenschaft mischt sich auch ein, wenn sie sich szientistischer oder technokratischer Übergriffe enthält. Sie erzeugt und verbreitet Wissen, das schon als solches etablierte Wertvorstellungen herausfordert.

Diese Herausforderung entsteht, weil (und sofern) Werturteile empirische Prämissen haben. Das triviale Beispiel ist die Zuschreibung von

---

19 Zu Boyle vgl. Mary Boas Hall: Robert Boyle on Natural Philosophy: An Essay with Selections from his Writings, Bloomington 1965, S. 140 ff. Als sacrificium intellectus bezeichnet Ignatius von Loyola 1553 die Unterwerfung des eigenen Urteils unter die Lehren der Kirche, „wo nicht die klar erkannte Wahrheit (anders) nötigt". Dem liegt die augustinische Deutung zugrunde, dass der menschliche Intellekt wegen des Sündenfalls fallibel sei und leicht dem Irrtum und der Täuschung erliege. Augustinus ging so weit zu bekennen: „Was meinen Augen weiß erscheint, halte ich für schwarz, wenn die hierarchische Kirche so bestimmt"; alle Angaben bei Mathias Laarmann: Sacrificium intellectus, in: Joachim Ritter, Karlfried Gründer, Gottfried Gabriel (Hg.): Historisches Wörterbuch der Philosophie, Band 8, Basel 1992, Sp. 1113–1117.

20 Sigmund Freud: Gesammelte Werke, 11. Band (wie Anm. 4), S. 294 f.

Verantwortung für die Folgen des Handelns. Diese Verantwortung setzt voraus, dass es solche Folgen tatsächlich gibt und fällt zusammen, wenn das nicht der Fall ist. Das nicht-triviale Beispiel sind ontologische Bezüge in Weltbildern. Der Sozialanthropologe Clifford Geertz konstatiert, dass in religiösen Kulturen ethische Überzeugungen durch heilige Symbole mit der Weltauffassung verknüpft werden. Normative Ideen werden durch Objektivierung bekräftigt. „Sie erscheinen als notwendige Lebensbedingungen, wie sie von einer in bestimmter Weise strukturierten Welt vorgegeben werden, als reiner Common Sense angesichts der unveränderlichen Gestalt der Wirklichkeit".[21] In säkularisierten Gesellschaften entfällt die Vermittlung durch die Religion. Das muss aber nicht heißen, dass auch die Abstimmung moralischer Werte und Normen auf die Ordnung der Realität entfällt. Aus philosophischer Sicht mag man gegen jede solche Abstimmung den Einwand des naturalistischen Fehlschlusses („naturalistic fallacy") erheben können. Der Genetiker Edwards hat vielleicht recht, dass es ein Fehler ist, die Norm der Gleichheit der Menschen auf das Faktum ihrer biologischen Gleichheit zu stützen, weil genau das die Norm angreifbar für objektive Erkenntnis macht.[22] Dieser Einwand wird aber so lange die biologische Forschung nicht aus der Schusslinie moralischen Protests bringen, wie in der Bevölkerung starke Intuitionen verbreitet sind, dass Menschen tatsächlich gleich sind und diese Intuitionen die Bereitschaft stützen, sie gleich zu behandeln. Annahmen darüber, was der Mensch ist, spielen eine Rolle für die Geltung von Normen, wie man mit ihm umgehen soll. Viele Menschenrechte machen nur Sinn, wenn man bestimmte Eigenschaften des Menschen (die Verletzlichkeit seines Körpers, seine Grundbedürfnisse, die Empfänglichkeit für Leiden und Glück, die Fähigkeit, bewusst zu handeln usw.) als wahre Beschreibung der conditio humana akzeptiert – eben als Common Sense „angesichts der unveränderlichen Gestalt der Wirklichkeit" voraussetzt.

Moralischer Konflikt ist daher vorprogrammiert, wenn die Wissenschaft diese conditio humana zur Disposition zu stellen droht. Das tut sie aber schon durch die bloße Akkumulation objektiven Wissens. Diese führt zu einer Flut von technischen Optionen, die schon vor aller An-

---

21 Clifford Geertz: Dichte Beschreibung: Beiträge zum Verstehen kultureller Systeme, Frankfurt a. M. 1983, S. 47.

22 „It is a dangerous mistake to premise the moral equality of human beings on biological similarity, because dissimilarity, once revealed, then becomes an argument for moral inequality." A. W. F. Edwards: Human genetic diversity: Lewontin's fallacy, in: Bioessays 25 (2003), S. 798–801, hier S. 801.

wendung die Lage des Menschen verändern, weil sie Grenzen des Könnens einreißen – auch solche Grenzen, die als Prämissen in Welt- und Menschenbilder eingelassen sind und die Wertvorstellungen des Alltags und der sozialen Institutionen (etwa Rechtsnormen) bekräftigen. Die moderne Genetik, die Reproduktionsmedizin, die experimentelle Psychologie, die Neurophysiologie sind konfliktträchtig, weil sie die menschliche Natur entmoralisieren, indem sie sie wertfreier, entmoralisierter Naturerkenntnis aussetzen. In der Folge wird die menschliche Natur kontingent. Sie kann verändert werden. Es kann über sie entschieden werden, und es muss über sie entschieden werden. Im Zuge dessen geht der Halt verloren, den Wertvorstellungen in Ideen darüber finden, was der Mensch von Natur ist.

In dieser Situation ist mit moralischem Widerstand zu rechnen und mit dem Ruf nach Kontrollen, um die Wissenschaft nicht erst bei der Anwendung, sondern schon bei der Erzeugung von Wissen irgendwie in die Schranken zu weisen. Allerdings gibt es hier einen großen semantischen Überschuss. Es werden viele Kontrollen gefordert, aber nur wenige wirklich ins Werk gesetzt.

6. Kontrollversuche

Die schärfste Waffe wären zweifellos Forschungsverbote, die verhindern, dass Erkenntnisse gewonnen werden, die normativ subversiv wirken würden. Dafür gibt es aber so gut wie keine Beispiele. Anführen kann man hier vielleicht ein Gesetz, mit dem in den USA jede Beobachtung der Beratungen von Geschworenen unter Strafe gestellt wurde.[23] Das Gesetz reagierte auf ein Forschungsprojekt der University of Chicago, in dem die Verhandlungen einer Jury am „Federal District Court" in Wichita, Kansas aufgezeichnet worden waren – mit Zustimmung des zuständigen Richters. Das Gesetz verbietet im Wortlaut zwar nur den Zugang zu einem Forschungsfeld und nennt als Schutzgut das Beratungsgeheimnis. Aber es wirft auch einen Schleier des Nichtwissens über eine geheiligte Institution der amerikanischen Gesellschaft, um sie vor

[23] „Whoever knowingly and willfully, by any means or device whatever – listens to or observes, or attempts to listen to or observe, the proceedings of any grand or petit jury [...] shall be fined not more than $ 1.000, or imprisoned not more than one year or both" (United States Code Chapter 73, 18 § 1508).

desillusionierender und möglicherweise delegitimierender Erkenntnis zu bewahren.

Ebenfalls am Zugang zum Untersuchungsfeld setzt die Kontrolle an, wenn sie die Forschung unter den Vorbehalt der Zustimmung von Gruppen oder Gemeinschaften stellt, die von den zu erwartenden Ergebnissen negativ betroffen sein könnten („community consent"). Der Vorbehalt der informierten Zustimmung ist geltendes Recht für die Forschung am (individuellen) Menschen. Niemand muss sich für die Wissenschaft ausforschen lassen. Zur Diskussion steht die Ausdehnung des Vorbehalts auf Kollektive von Versuchspersonen. Ein Gruppenrecht, nicht erforscht zu werden, ist vor allem für indigene Völker und ethnische Minderheiten gefordert worden. Durchgesetzt hat es sich bislang nicht. Der „Code of Ethics" der „American Anthropological Association" von 1998 verpflichtet die Feldforscher lediglich (ohne irgendwelche Sanktionen vorzusehen) „to recognize their debt to the societies in which they work" und erwartet, dass sie berücksichtigen, „that the development of knowledge can lead to change which may be positive or negative for the people [...] worked with or studied".[24] Näher am community consent und nicht so sanktionslos ist der Vorschlag, bei genetischen Analysen an Angehörigen indigener Gruppen die informierte Zustimmung der Individuen erst einzuholen, wenn ein „communal discourse" stattgefunden hat, in dem die möglichen Folgen der Forschung für die Gruppe kollektiv erörtert worden sind; die für die Genehmigung der Forschung zuständigen Ethikkommissionen sollen prüfen, ob dieser Diskurs angemessen war.[25] Zu einer solchen Regulierung ist es nicht gekommen. Aber es gibt Selbstverpflichtungen von Wissenschaftlern, community consent einzuholen.[26]

---

[24] American Anthropological Association: Code of Ethics (1998); abrufbar unter: www.aaanet.org/committees/ethics/ethicscode.pdf (Stand: 01.02.2012).

[25] Morris Foster, Ann Eisenbraun, Thomas Carter: Communal discourse as a supplement to informed consent for genetic research, in: Nature genetics 17 (1997), S. 277–297.

[26] So hat sich etwa im „Max-Planck-Institut für evolutionäre Anthropologie" die Abteilung für Linguistik durch ethische Richtlinien entsprechend festgelegt. „Members of the Department must ensure that they have the informed consent of the individual(s) and the community(ies) concerned to carry out the research in question and to disseminate the results of that research." Max-Planck-Institute for Evolutionary Anthropology, Department of Linguistic: Ethical Guidelines (March 2002); abrufbar unter: www.eva.mpg.de/lingua/resources/ethics.php (Stand: 01.02.2012).

Auch außerhalb der ethnologischen und anthropologischen Forschung suchen Wissenschaftler häufig von sich aus die Diskussion mit Vertretern der Bevölkerungsgruppen, denen ihre Untersuchungspersonen angehören – um Akzeptanz für ihre Forschung zu schaffen und die Wahrscheinlichkeit zu erhöhen, dass sie die Zustimmung ihrer Versuchspersonen bekommen. Eine Regel, die solche Praxis verbindlich macht, ist aber nicht in Sicht. Und nichts deutet darauf hin, dass der Trend zu einem Vetorecht für betroffene Gruppen geht und beispielsweise die Forschung an Angehörigen von ethnischen Minderheiten in der eigenen Gesellschaft nur noch zulässig ist, wenn Repräsentanten dieser Minderheit zustimmen oder die Forschung an behinderten Menschen nur noch, wenn die einschlägigen Behindertenverbände zustimmen.[27]

Eine weitere Option der Forschungskontrolle ist die Unterdrückung der Veröffentlichung. Die Max-Planck-Gesellschaft hält in ihren Hinweisen und Regeln zum verantwortlichen Umgang mit Forschungsfreiheit und Forschungsrisiken ihre Wissenschaftler dazu an, die Möglichkeit zu bedenken, dass ihre Forschungsergebnisse in der Gesellschaft missbraucht werden könnten und rät dazu, wenn solcher Missbrauch nahe liegt, die Ergebnisse unvollständig oder gar nicht zu veröffentlichen.[28]

---

[27] Auch bei genetischen Analysen, die zwangsläufig sensible Daten über die Verwandten der untersuchten Personen erzeugen, genügt die Zustimmung der Versuchspersonen.

[28] Max-Planck-Gesellschaft: Hinweise und Regeln der Max-Planck-Gesellschaft zum verantwortlichen Umgang mit Forschungsfreiheit und Forschungsrisiken (2010); abrufbar unter: www.mpg.de/200127/Regeln_Forschungsfreiheit.pdf (Stand: 01.02.2012). Schon Francis Bacon, der es als Aberglauben abtat zu glauben, dass „die Erforschung der Natur in irgendeinem Teil untersagt oder verboten sei" (Francis Bacon: Novum Organum [wie Anm. 18], S. 20), befand, dass bisweilen doch ein Veröffentlichungsverzicht geboten sein könnte, um die sozialen Folgen von Erkenntnis zu kontrollieren. In seiner Gesellschafts- und Forschungsutopie „Nova Atlantis" beraten die Wissenschaftler darüber, „welche Erfindungen und Experimente, die wir entdeckt haben, veröffentlicht werden sollen und welche nicht: und wir leisten alle einen Eid der Geheimhaltung, um dasjenige zu verbergen, was uns geheim zu halten wichtig erscheint, obwohl wir einiges davon dem Staat offenbaren". Francis Bacon: Nova Atlantis, in: James Spedding, Robert Ellis, Douglas Heath (Hg.): The Works of Francis Bacon, Band III, Stuttgart 1963, S. 165, vgl. dazu Mathias Groß, Holger Hoffman-Riem, Wolfgang Krohn: Realexperimente. Ökologische Gestaltungsprozesse in der Wissensgesellschaft, Bielefeld 2005, Kapitel 2: Experiment und Modernität, S. 27–58, hier S. 37 f.

Dieser Appell zielt auf das Risiko der missbräuchlichen Anwendung von Forschungsergebnissen und nennt keine Sanktionen. William Estes ging als Herausgeber von „Psychological Science“ 1992 weiter und plädierte dafür, für die Veröffentlichung von Forschung über Intelligenzunterschiede zwischen Bevölkerungsgruppen eine besondere Inhaltskontrolle in einem ethischen Code festzuschreiben. Die Herausgeber wissenschaftlicher Zeitschriften sollten verpflichtet werden, die Freiheit des wissenschaftlichen Austausches abzuwägen mit dem Schutz von gesellschaftlichen Gruppen, die sich durch den Austausch bedroht fühlen.[29]

Ein solcher Code mag nie formal in Kraft gesetzt worden sein. In der Praxis haben die Herausgeber führender Fachzeitschriften aber ihre „gatekeeper“-Funktion durchaus dazu genutzt, die Veröffentlichung „gefährlicher Ideen“ zu unterdrücken, etwa indem sie sozial und politisch unerwünschte Ergebnisse einer besonders scharfen Prüfung unterwarfen.[30]

Ziemlich wirksam ließe sich Forschung, die „den Frieden der Welt stört“, unterbinden, indem man ihr die Finanzierung entzieht. Das ist zu den Zeiten, in denen Soziobiologie, Verhaltensgenetik und Intelligenzforschung ins Kreuzfeuer moralischer und politischer Proteste gerieten, auch geschehen. Einschlägige Förderprogramme wurden modifiziert oder gestrichen. Unter anderem deshalb hätte nach der Einschätzung der Verfasser eines Standardwerks der Verhaltensgenetik Arthur Jensen wegen des Aufruhrs, den seine Thesen verursachten, beinahe das ganze Forschungsgebiet ruiniert.[31] Das Feld hat bekanntlich überlebt. Zu einer nachhaltigen Unterdrückung von Forschungsinhalten durch selektive Finanzierung ist es nicht gekommen. Der Staat hat dafür wegen

---

[29] „The need for free and unfettered scientific exchange must be balanced against the need that no group in society feels threatened by such exchange“. William Estes: Ability Testing: Postscript on Ability Tests, Testing, and Public Policy, in: Psychological Science 3 (1992), S. 278.

[30] Vgl. dazu Linda Gottfredson: Applying double standards to „divisive“ ideas, in: Perspectives in Psychological Science 2 (2007), S. 216–220, S. 217: „Collectively, they have levied a stiff professional ‚tax‘ on scholars whose work on race or intelligence discomfits reviewers for non-scientific reasons“.

[31] „Arthur Jensen almost brought the field to a halt, because [he] suggested that ethnic differences in IQ might involve genetic differences.“ Robert Plomin, John Defries, Gerald McLearn, Peter McMuffin: Behavioral Genetics, 5. Auflage, New York 2008, S. 155. Arthur Jensen hatte seinerzeit heftige Debatten ausgelöst durch den Artikel: How Much Can We Boost IQ and Scholastic Achievement?, in: Harvard Educational Review 39,1 (Winter 1969), S. 1–123. Eine

der verfassungsrechtlichen Garantie von Forschungsfreiheit auch wenig Spielraum. Er kann Prioritäten setzen und durch besondere Programme positiv Forschung fördern, die politisch erwünscht ist. Er kann aber nicht einfach Themen und Fragestellungen vom Zugang zur allgemeinen Forschungsförderung ausschließen, die politisch unerwünscht sind oder in der Bevölkerung auf Ablehnung stoßen.[32]

Das Repertoire möglicher Forschungskontrollen ist nicht sonderlich groß und greift nicht sonderlich tief in die Dynamik des ausdifferenzierten Wissenschaftssystems ein. Eine Prüfung, wozu ein mögliches Wissen eigentlich gut sein soll, ob „wir" es wirklich wissen wollen und ob wir können wollen, was wir dann können, kommt darin nicht vor. Und wer von sozialer Verantwortung erwartet, dass die Wissenschaft sich diesen Fragen stellt oder vor sie gestellt wird, wird enttäuscht bleiben.[33] Der Versuch, den möglichen gesellschaftlichen Kosten eines neuen Wissens zu entgehen, indem man dieses gar nicht erst erzeugt, ist wenig aussichtsreich. Er scheitert normativ in der Regel daran, dass damit auch Anwendungen ausgeschlossen werden, die geradezu moralisch geboten sein können, etwa solche der Medizin. Er scheitert vor allem aber empirisch. Wissen und Können entsteht auf der Ebene von der Weltgesellschaft. Was man irgendwo erkennt und kann, weiß und kann man im Prinzip überall. Der Konfrontation mit möglicher Erkenntnis entkommt man nicht dadurch, dass Wissenschaftler individuell aus der einschlägigen For-

entsprechende Welle der Empörung verursachten in den 90er Jahren Richard Herrnstein und Charles Murray mit ihrem Buch: The Bell Curve – Intelligence and Class Structure in America, New York 1994.

32 Siehe für die USA die umfassende verfassungsrechtliche Analyse in Richard Delgado u. a.: Can science be inopportune? Constitutional validity of governmental restrictions on race-IQ research; in: UCLA Law Review 31 (1983), S. 128–225: Einschränkungen der Forschungsfreiheit müssen „content neutral" sein; sie dürfen Ort, Zeit und Verfahren der Forschung betreffen, nicht aber spezifische Inhalte (Fragestellungen, Hypothesen usw.) – es sei denn genau dies ist für „compelling state interests" unabdingbar (S. 155 und S. 165); der Ausschluss solcher Inhalte von der Forschungsförderung kann am Gebot der Gleichbehandlung scheitern („nondiscriminatory criteria for the disbursing of funds", S. 177).

33 Siehe etwa Dietmar Mieth: Der (gehirnlich) steuerbare Mensch – Ethische Aspekte, in: Deutscher Ethikrat (Hg.): Der steuerbare Mensch? Über Einblicke und Eingriffe in unser Gehirn. Vorträge der Jahrestagung des Deutschen Ethikrates 2009; verfügbar unter: www.ethikrat.org/dateien/pdf/der-steuerbare-mensch.pdf (Stand: 01.02.2012), S. 98: Was wir können wollen, ist eine der Grundfragen der Ethik in der Wissenschaft.

schung aussteigen, und auch nicht dadurch, dass man diese Forschung (national-)gesellschaftsweit unterdrückt.

Auch im Konflikt über die Forschung zu Intelligenzunterschieden zwischen ethnischen Gruppen haben die verhängten Kontrollen die Forschung nur marginal affiziert. Sie haben jedenfalls nicht dazu geführt, dass die Erkenntnissuche in der Wissenschaft dem Schutz der moralischen Gefühle der Bevölkerung oder sakrosankten politischen Wertbindungen aufgeopfert worden ist.

7. Kein sacrificium intellectus in der Wissenschaft

Durch den öffentlichen Aufschrei und die harschen politischen Reaktionen und professionellen Sanktionen, die James Watson und andere vor ihm durch die Verbreitung von Hypothesen über genetisch bedingte Intelligenzunterschiede zwischen ethnischen Gruppen ausgelöst haben, wurden einzelne Wissenschaftler in der Öffentlichkeit an den Pranger gestellt oder aus professionellen Ämtern gedrängt, ihre Lehrveranstaltungen waren studentischen Störaktionen ausgesetzt, sie bekamen Schwierigkeiten bei der Einwerbung von Projektgeldern oder wurden bei Einladungen zu Kongressen übergangen.[34] Vielleicht wurden dadurch berufliche Karrieren ruiniert. Der Forschung über das umstrittene Thema hat der Konflikt jedoch keinen Abbruch getan. Ironischerweise gilt eher das Gegenteil.

Die Konflikte haben nicht nur in der Öffentlichkeit, sondern auch in der Wissenschaft die Aufmerksamkeit für das Thema verschärft. In allen Phasen des Konflikts wurde der politische Widerstand durch heftige Verbalattacken von kritischen Wissenschaftlern flankiert, die geltend machen, dass die umstrittenen Hypothesen längst eindeutig widerlegt seien oder dass die Forschung darüber „Pseudowissenschaft" sei.[35] Solche Kritik beruft sich auf Wissenschaft und verweist damit den politischen Konflikt gewissermaßen zurück an die Wissenschaft. Innerhalb der Wissen-

---

[34] Vgl. Stephen Ceci und Wendy Williams im „Nature Commentary": Should scientists study race and IQ?, in: Nature 475 (2009), S. 786–789, hier S. 788.

[35] Als „Pseudowissenschaft" geißelt der britische Neurowissenschaftler Steven Rose seit vielen Jahren alle genetischen Hypothesen über Intelligenz; entsprechend äußert er sich zu Watson: „In a society in which racism and sexism were absent, the questions of whether whites or men are more or less intelligent than blacks or women would not merely be meaningless – they would not even be

schaft aber hat es durch alle Konfliktepisoden hindurch eine ununterbrochene Kette von Untersuchungen gegeben, in denen Arbeiten zum Thema kritisch evaluiert, offene Fragen diskutiert, neue Forschungsansätze verfolgt und neue Daten erhoben wurden. Ein Editorial der Zeitschrift „Medical Hypotheses" von 2008 bezeichnet den Vorwurf, für Watsons Thesen gebe es keinerlei wissenschaftliche Belege,[36] als „necessitated lying to the public about numerous scientific issues" und nennt allein für die Länder der Subsahara 48 Studien zur Bevölkerungsintelligenz, auf die bei Gruppenvergleichen zurückgegriffen wird.[37]

Folgt man der Einschätzung der für diese Forschung zuständigen psychologischen Fachgemeinschaft, war die Frage, ob es genetisch bedingte Intelligenzunterschiede zwischen Gruppen gibt, zumindest Anfang der 1980er Jahre nicht erledigt, sondern in der Wissenschaft umstritten, und sie galt zweifellos als wissenschaftliche Frage.[38] Inzwischen sind zahllose weitere Untersuchungen angestellt worden. Sie haben das Feld bereinigt, ohne die Kontroverse aufzulösen. Sie haben die Komplexität des Problems erhöht und sprechen in der Tendenz wohl eher gegen einen starken Einfluss genetischer Faktoren.[39] Mit der Fortsetzung dieser Forschung ist zu rechnen. Es mag durchaus sein, dass Hypothesen über genetisch bedingte Intelligenzunterschiede zwischen ethnischen Gruppen in absehbarer Zukunft aus der Wissenschaft verschwinden – aber dann nicht, weil sie politischen Sprengstoff bergen und gesellschaftli-

---

asked. The problem is not that knowledge of such group intelligence differences is too dangerous, but rather that there is no valid knowledge to be found in that area at all. It's just ideology masquerading as science" (ebd., S. 788).

36 Der u. a. von Francis Collins, dem Nachfolger Watsons als Direktor des „Human Genome Project", erhoben wurde; vgl. Francis S. Collins: Statement on the retirement of James D. Watson, NHGRI (National Human Genome Research Institute) news release, 25. Oktober 2007.

37 Editorial: Watson tells the inconvenient truth (wie Anm. 8), S. 1081.

38 In einer Umfrage unter 1020 mit IQ-Tests befassten Fachleuten waren 1984 45% der Meinung, dass die Intelligenzunterschiede zwischen schwarzen und weißen Bevölkerungsgruppen sowohl genetischen wie Umwelteinflüssen zuzuschreiben seien, 24% fanden, dass bei der gegebenen Datenlage die Frage nicht vernünftig zu beantworten sei; Marc Snyderman, Stanley Rothmann: Survey opinion on intelligence and aptitude testing, in: American Psychologist 42 (1997), S. 137–144.

39 Für einen neueren Review vgl. Earl Hunt, Jerry Carlson: Considerations relating to the study of group differences in intelligence, in: Perspectives on Psychological Science 2 (2007), S. 194–213.

chen Wertvorstellungen widersprechen, sondern weil sie auf Grund von Forschung als unrichtig oder bedeutungslos angesehen werden. Es kann keine Rede davon sein, dass der öffentliche Aufruhr zu einem sacrificium intellectus in der Wissenschaft nötigt und Forscher dazu zwingt, als wahr auszugeben, was sie als Irrtum ansehen oder als bedeutungslos, was sie für eine sinnvolle Fragestellung halten.

Das kann, wie der Fall Watson gezeigt hat, anders sein, wenn Wissenschaftler den Innenhof der Wissenschaft verlassen und sich auf den Marktplatz der politischen Öffentlichkeit begeben. Dann verlieren Hypothesen über die Intelligenz von ethnischen Gruppen, die man in der Forschung sanktionslos aufstellen und geräuschlos wieder fallen lassen kann, ihre normative Unschuld und müssen vielleicht unter öffentlichem Druck aus dem Verkehr gezogen werden – nicht weil sie unzureichend belegt sind, sondern weil sie gesellschaftlich konfliktträchtig sind. Daraus folgt nicht, dass solche Hypothesen generell „Dynamit" in den Händen der Wissenschaft sind, mit dem man als Forscher besonders vorsichtig umgehen muss. Das ist die Position von Hunt und Carlson, die sich zwar grundsätzlich dagegen wenden, dass Forschung über Intelligenz unterdrückt wird „because the findings do not conform to certain views about how society should operate", aber doch fordern: „When you carry dynamite you should exercise more care than when you carry potatoes."[40] Dynamit werden die Hypothesen erst, wenn Wissenschaftler sich zur „Politikberatung" auf sie berufen und für die Abkehr von Wertungen und Programmen plädieren, die nach allgemeinem Urteil der Gleichbehandlung der Menschen dienen. Bei Watson ist die Bombe hochgegangen, ebenso wie zuvor bei den Interventionen von Jensen oder von Herrnstein und Murray gegen die Bildungspolitik der kompensatorischen Erziehung. Eine soziale Verantwortung für ihre Hypothesen tragen Wissenschaftler nicht als Forscher, wohl aber als Politikberater. Die öffentliche Reaktion hat Watson als „Politikberater" demontiert, nicht die Forschung, auf die er sich bezogen hat.

Dem widerspricht nur scheinbar, dass die heftigsten Sanktionen gegen Watson vom Wissenschaftssystem ausgingen. Die Sanktionen haben, was immer die Motive der konkret Handelnden sein mögen, auch den Effekt (die Funktion) eines präventiven Akzeptanzmanagements für die Freiheit der Forschung. Sie tragen durch demonstrative Compliance dem öffentlichen Protest gegen Watsons Thesen Rechnung, aber nicht, um dem Protest im Innern der Wissenschaft Geltung zu verschaffen

---

40 Ebd., S. 195.

und die Intelligenzforschung unter den Vorbehalt der Übereinstimmung mit gesellschaftlichen Wertvorstellungen und politischen Idealen zu stellen, sondern im Gegenteil, um einen solchen Vorbehalt abzuwehren. Ausdifferenzierte Funktionssysteme operieren nach internen Regeln, aber sie sind dafür auf die Zufuhr von externen Ressourcen angewiesen. Das Wissenschaftssystem muss an seinen Grenzen, also im Kontakt zur sozialen Umwelt, Austausch- und Leistungsbeziehungen organisieren und aufrechterhalten, die öffentliche Finanzierung, rechtliche Anerkennung und Legitimität für Forschung gewährleisten, die bei der Frage, was als Erkenntnis gilt, sozial und politisch „rücksichtslos" verfährt. Das Management dieser Außenbeziehungen ist gewissermaßen die Wissenschaftspolitik des Wissenschaftssystems. Die dabei handelnden Wissenschaftler folgen anderen Kriterien und unterliegen anderen Restriktionen als beim Wissenserwerb durch Forschung. Sie öffnen das Wissenschaftssystem zur Gesellschaft hin (u. a. auch durch die Mitwirkung an der Formulierung von an politischen Zielen orientierten Forschungsprogrammen). Aber sie schaffen zugleich Voraussetzungen dafür, dass die Forschung autonom operieren kann und auf Dauer gestellt wird.[41]

Zur Wissenschaftspolitik des Wissenschaftssystems wird man auch die professionellen Sanktionen zählen müssen, mit denen Watson abgestraft wurde. Mit den Sanktionen wird herausgestellt, dass Watson in den Augen der Wissenschaft zu weit gegangen ist, nicht nur mit seiner taktlosen Rhetorik, sondern auch, indem er sich für seine politischen Forderungen auf die Wissenschaft berufen hat. Die einschlägige Intelligenzforschung rechtfertigt solche Konsequenzen nicht – was impliziert, dass sie ihr nicht zugerechnet werden sollten.

Allerdings ist damit nicht gewährleistet, dass moralische Proteste wie die gegen Watson spurlos an der Forschung vorbeigehen. Dass Forscher bei der Wahl von Fragestellungen, Hypothesen, ja selbst von Theorien auch moralischen und politischen Wertungen oder Vorurteilen Raum geben können, steht fest. Daher gibt es auch Raum für den Verdacht, dass Forscher, die sich mit Gruppendifferenzen von Intelligenz befassen, rassistischen Tendenzen erliegen. Solcher Verdacht kann ein Forschungsfeld auch in der Wissenschaft in Verruf bringen und den Beteiligten das

---

[41] Wolfgang Krohn und Günter Küppers haben diesen Zusammenhängen eine ausführliche Analyse gewidmet in: Die Selbstorganisation der Wissenschaft, Frankfurt 1989.

Leben erschweren.[42] Er hat aber, wie gezeigt, nicht dazu geführt, dass in der Wissenschaft tatsächlich no-go-areas für die Forschung entstanden sind. Hypothesen und Befunde zu Gruppendifferenzen beim IQ sind keineswegs so etwas wie „verbotenes Wissen" geworden, und die Forschung darüber gilt in der Wissenschaft auch nicht als „ideology masquarading as science".[43]

8. Fazit

Inhalte wissenschaftlicher Forschung können moralischen Protest und politischen Widerstand in der Gesellschaft auslösen. Eine soziale Verantwortung der Wissenschaft für Hypothesen und Erkenntnisse folgt daraus nicht. Forscher können für sich selber beschließen, Fragestellungen nicht aufzugreifen oder Ergebnisse nicht zu veröffentlichen, die geeignet sind, moralische Überzeugungen, religiöse Gefühle oder politische Ideale, die Rückhalt in der Gesellschaft haben, zu verletzen oder Beifall von der falschen Seite zu provozieren.[44] Aber das ist ein individueller

---

[42] So gab es in den Politikwissenschaften eine Zeit lang ein starkes positives Vorurteil in Bezug auf die Rolle von Nichtregierungsorganisationen und den europäischen Integrationsprozess, und es war vielleicht keine besonders günstige Karrierestrategie, sich mit kritischen Untersuchungen zu diesen Themen zu profilieren.

[43] Letzteres erscheint auch normativ gerechtfertigt, solange gewährleistet ist, dass das Ergebnis der Forschung auch sein kann, dass es keine Differenzen gibt oder die festgestellten Differenzen rassistischen Vorurteilen widersprechen. Das gilt etwa für Befunde, die nahelegen, dass die durchschnittliche Intelligenz jüdischer oder asiatischer Bevölkerungsgruppen höher ist als die der Weißen. Auch die Untersuchungen zu Differenzen zwischen Männern und Frauen haben (nicht nur im Bereich der Intelligenz) überwiegend ergeben, dass es die erwarteten Unterschiede nicht gibt.

[44] Die Sozialpsychologin Marie Jahoda berichtet in ihren Lebenserinnerungen, dass sie die Ergebnisse einer Untersuchung zu den Bildungsaspirationen junger Frauen in einem berühmten amerikanischen College nicht veröffentlicht hat, weil wider Erwarten herausgekommen war, dass ein erheblicher Anteil der Studentinnen das College aus „unliberated female aspirations", u. a. wegen der Nähe zu einem College für männliche Studenten gewählt hatte, mithin die Universität eher als Heiratsmarkt nutzte. Dieses Stereotyp wollte sie nicht auch noch mit Forschung untermauern. Marie Jahoda: To Publish or Not to Publish?, in: Journal of Social Issues 37 (1981), S. 208–220, hier S. 213.

Rückzug aus den Freiräumen, die der Wissenschaft durch Ausdifferenzierung zugewachsen sind. Es gibt in der Wissenschaft keine normative Erwartung, dass alle sich solchem Rückzug anschließen sollen, und es gibt keine formalen Kontrollmechanismen, die versuchen, dies auch durchzusetzen.

Die Ausdifferenzierung der Wissenschaft ist zugleich die Lizenz, der Gesellschaft Wahrheitsschäden aufzuerlegen. Für moralische und politische Kosten, die durch die Inhalte von Hypothesen oder Ergebnissen der Forschung verursacht werden, wird die Wissenschaft nicht zur Rechenschaft gezogen. Sie müssen von der Gesellschaft getragen werden. Diese Kosten mögen bei der Erforschung von Intelligenzunterschieden von ethnischen Gruppen gegenwärtig brisant erscheinen, weil sie vorhandene Vorurteile stützen. Sie werden aber in dem Maße undramatisch, wie alle anerkennen (oder sich darauf besinnen), dass anderen Menschen gleiche Rechte und gleicher Respekt nicht geschuldet werden, weil sie empirisch gleich sind, sondern obwohl sie empirisch verschieden sind. Selbst wenn die Forschung (was sich nicht abzeichnet) den Nachweis führen würde, dass es beim durchschnittlich erreichten IQ Unterschiede zwischen ethnischen Gruppen gibt, folgt daraus nichts für die Geltung der Norm der Gleichheit.

Diese Reflexionsleistung nehmen die intellektuellen Kritiker der Intelligenzforschung für sich selber natürlich in Anspruch. Sie sprechen sie aber der Masse der Bevölkerung ab. Das könnte eine Unterschätzung der allgemeinen Lernfähigkeit sein. Genetische Hypothesen zum Potential individueller Intelligenz, die in der Vergangenheit ebenfalls moralisch und politisch unter Beschuss geraten waren, werden mittlerweile als problemlos angesehen. Es ist Common Sense, dass aus ihnen weder folgt, dass man Menschen mit geringerer kognitiver Kapazität das Recht auf Gleichbehandlung beschneiden darf, noch dass kompensatorische Politiken, die sozial bedingte Hemmnisse der Intelligenzentwicklung abbauen sollen, sinnlos sind. Was folgt, ist lediglich, dass man durch solche Kompensation nicht alle Menschen zu kognitiven Höchstleistungen befähigen kann. So what?! Warum sollte eine ähnliche Entdramatisierung bei der Reaktion auf Intelligenzunterschiede zwischen Gruppen ausgeschlossen sein? Hier gilt ohnehin, dass die Intelligenzdifferenzen innerhalb jeder Gruppe erheblich größer sind als die Differenzen zwischen ihnen. Und es gilt auch, dass Gruppendifferenzen nicht Politiken desavouieren, die Diskriminierung bekämpfen und benachteiligte Gruppen gleichstellen sollen. Das Risiko, dass die Forschung mit bestimmten Fragestellungen und Hypothesen rassistischen Vorurteilen in die Hände arbeitet, mag nicht auszuschließen sein. Aber vielleicht sollte man Rassismus anders bekämpfen als durch den Versuch, die Inhalte von Forschung moralisch und politisch an die Leine zu legen.

Personenregister

Autorinnen und Autoren

Ino Augsberg, Dr. phil., Dr. iur., ist Akademischer Rat a. Z. am Lehrstuhl für Öffentliches Recht und Kirchenrecht an der Ludwig-Maximilians-Universität München.

Susanne Behrens-Kneip, Dr. rer. nat. habil., ist Mikro- und Molekularbiologin und wissenschaftliche Referentin des Präsidenten der Deutschen Akademie der Naturforscher – Nationale Akademie der Wissenschaften, Halle (Saale).

Alfons Bora, Dr. phil., Ass. iur., ist Professor für Soziologie mit Schwerpunkt Technikfolgenabschätzung an der Fakultät für Soziologie und am Institut für Wissenschafts- und Technikforschung der Universität Bielefeld.

Wolfgang van den Daele, Dr. jur., war Professor für Soziologie an der Freien Universität Berlin bis 2004 und Direktor am Wissenschaftszentrum Berlin (WZB) bis 2005.

Jörg Hacker, Prof. Dr. rer. nat. Dr. h. c. mult., ist Präsident der Deutschen Akademie der Naturforscher – Nationale Akademie der Wissenschaften in Halle (Saale) und Mikrobiologe mit Schwerpunkt Molekulare Infektionsbiologie.

David Kaldewey, Dipl. soz.-wiss., ist wissenschaftlicher Mitarbeiter mit Schwerpunkt Wissenschaftssoziologie an der Fakultät für Soziologie und am Institut für Wissenschafts- und Technikforschung der Universität Bielefeld.

Christian Kupatt, Dr. med., ist Professor für Innere Medizin an der Medizinischen Klinik und Poliklinik I – Großhadern, Klinikum der Universität München.

Elif Özmen, Dr. phil., ist Privatdozentin und Oberassistentin am Philosophischen Seminar der Ludwig-Maximilians-Universität München.

Michael Reder, Dr. phil., ist Vertreter des Lehrstuhls für praktische Philosophie mit dem Schwerpunkt Völkerverständigung an der Hochschule für Philosophie in München.

Friedemann Voigt, Dr. theol., ist Professor für Sozialethik mit Schwerpunkt Bioethik am Fachbereich Evangelische Theologie der Philipps-Universität Marburg.

MIX
Papier | Fördert gute Waldnutzung
FSC® C083411

Kolibri 360 GmbH
Ferdinand-Jühlke-Straße 7
99095 Erfurt, Deutschland
produktsicherheit@kolibri360.de